U & S Fachbuch

Melzer · Grundbegriffe der Chemie

Grundbegriffe der Chemie

Ein Leitfaden für Krankenschwestern und medizinische Fachkräfte

Hans Melzer,
Arzt für Innere Medizin

8., ergänzte Auflage
21 Abbildungen

Urban & Schwarzenberg · München-Wien-Baltimore 1983

Anschrift des Verfassers: Dr. med. Hans Melzer, Waldheimplatz 15, 8000 München 83

CIP-Kurztitelaufnahme der Deutschen Bibliothek

Melzer, Hans:
Grundbegriffe der Chemie : e. Leitf. für Krankenschwestern u. med. Fachkräfte / Hans Melzer. – 8., erg. Aufl. – München ; Wien ; Baltimore : Urban und Schwarzenberg, 1983.
(U-&-S-Fachbuch)
ISBN 3-541-01968-9

1. Auflage 1968
2. Auflage 1968
3. Auflage 1969 (ISBN 3-541-01963-8)
4. Auflage 1972 (ISBN 3-541-01964-6)
5. Auflage 1975 (ISBN 3-541-01965-4)
6. Auflage 1977 (ISBN 3-541-01966-2)
7. Auflage 1980 (ISBN 3-541-01967-2)

Satz: Tutte Druckerei GmbH, Salzweg-Passau. Druck: Georg Wagner, Nördlingen.
Printed in Germany.

ISBN 3-541-01968-9

Vorwort zur 8. Auflage

Die bisherigen Auflagen des Buches wurden freundlich aufgenommen. Konsultationen mit Unterrichtenden an Krankenpflegeschulen ergaben, daß das Buch im wesentlichen mit den Vorgaben der Lehrzielpläne in Einklang steht. So konnte sein Grundkonzept unverändert bleiben. Einige neuere Erkenntnisse wurden eingefügt. Für die vielen Zuschriften und Anregungen, die ich aus dem Leserkreis erhalten habe, möchte ich mich auch an dieser Stelle recht herzlich bedanken. Ich hoffe, daß auch die 8. Auflage der werdenden Krankenschwester helfen kann, die für sie bedeutsamen chemischen Prozesse zu verstehen.

München, 1983 Hans Melzer

Vorwort zur 1. Auflage

Die moderne Medizin bedient sich in zunehmendem Maße technischer Hilfsmittel. Zugleich werden immer mehr apparative und Laborhilfen bei der Krankenpflege und -überwachung angewendet. Da diese Einrichtungen zum großen Teil von Schwestern beaufsichtigt werden, ist es notwendig geworden, in der Ausbildung technische, physikalische und chemische Kenntnisse zu vermitteln. In diesem Sinne soll das vorliegende Buch helfen, chemische Grundkenntnisse und vor allem Verständnis ohne unnötigen Ballast zu erwerben. Auf medizinische Belange wurde dabei besonders Rücksicht genommen. Leider ist es im Rahmen dieser Schrift notwendig geworden, einige Dinge stark zu schematisieren. Der Chemiker wird von manchen Regeln Ausnahmen kennen. Um den Benutzer des Buches nicht zu verwirren, wurde dies bewußt in Kauf genommen.

Hans Melzer

Inhalt

Einleitung

Für den Außenstehenden ist der Begriff „Chemie" häufig verbunden mit der Vorstellung komplizierter Formeln, gefährlicher Säuren und übelriechender Dämpfe. Übersehen wird dabei meist, daß die Chemie zu einer Wissenschaft geworden ist, ohne die unser heutiges Leben gar nicht mehr vorstellbar ist. Gerade in den letzten Jahren hat die Entwicklung und praktische Anwendung der Kunststoffe jedem Laien vor Augen geführt, welch gewaltige Umwälzungen hier vor sich gegangen sind. Ganze Industriezweige, wie zum Beispiel die früher so lebenswichtige Stahlindustrie, sind in ihrer Bedeutung gegenüber der chemischen Industrie zurückgetreten. Es überrascht deshalb nicht, daß auch in der Medizin chemische Vorgänge zunehmend wichtiger werden. Neue Labormethoden entstehen, und eine ganze Reihe von Arzneimitteln, die man früher aus pflanzlichen oder tierischen Grundstoffen extrahierte, kann inzwischen künstlich hergestellt werden.

Betrachtet man das umfangreiche Gebiet der Chemie näher, dann schälen sich aus der verwirrenden Vielfalt der Stoffe und ihrer Reaktionen bestimmte Gesetze heraus. Die Regelmäßigkeit dieser Gesetze und ihr strenges Ordnungsprinzip hat es sogar erlaubt, bestimmte Stoffe, die man noch nicht kannte, anzunehmen und dann auch tatsächlich zu finden. Aufgabe dieses Buches soll nicht sein, eine möglichst große Anzahl chemischer Verbindungen vorzustellen, sondern einen Einblick zu vermitteln in die Ordnungsprinzipien der elementaren Grundstoffe. Damit wird es dann möglich sein, die wichtigsten Stoffe und Reaktionen zu besprechen, mit denen es die Medizin und deren Nebenberufe zu tun haben.

Weil die Benutzer dieses Buches mit unterschiedlicher Vorbildung an den Stoff herangehen, sind zunächst einige wichtige Grundbegriffe zu besprechen. Da diese zum Teil auch dem Gebiet der Physik angehören, sollen sie in einem eigenen Abschnitt dem Stoffgebiet der Chemie vorangestellt werden.

Physikalisch-chemische Grundfragen

Aggregatzustände (Abb. 1)

Die Stoffe, mit denen man es in der Chemie zu tun hat, sind entweder gasförmig, flüssig oder fest. Man bezeichnet diese drei Formen als Aggregatzustände. Der Sauerstoff in der uns umgebenden Luft hat demnach einen gasförmigen Aggregatzustand, Eisen einen festen und Wasser einen flüssigen. Dabei muß man aber eine sehr wichtige Einschränkung machen. Denn es ist ja bekannt, daß Wasser nicht nur flüssig ist, sondern auch zu Eis erstarren kann oder zu dem gasförmigen Wasserdampf wird. Diese Veränderungen sind von der Temperatur abhängig und, wie weiter unten gezeigt wird, auch vom Druck. *Je nach der umgebenden Temperatur können alle Stoffe gasförmig, fest oder flüssig werden,* sofern sie sich dabei nicht zersetzen. Eine besondere Bedeutung hat der Punkt, an dem ein Stoff von einem Aggregatzustand in den anderen übergeht. Es ist dies immer eine besondere, für jeden Stoff verschiedene, aber genau feststehende Temperatur. Diese Temperaturen werden so genau eingehalten, daß unsere ganze Temperaturmessung auf diesem Prinzip beruht. Als Nullpunkt bezeichnet man die Temperatur, bei der Wasser vom flüssigen in den festen Zustand übergeht. Mit 100 Grad legt man den Punkt fest, an dem Wasser aus dem flüssigen in den gasförmigen Aggregatzustand übertritt. So wie Wasser bei 0 Grad haben nun die meisten Stoffe bei einer bestimmten Temperatur ihren *Schmelzpunkt,* und so wie Wasser bei 100 Grad ihren *Siedepunkt*. Eisen ist also bei Raumtemperatur deshalb fest, weil sein Schmelzpunkt noch nicht erreicht ist. Erhöht man die Temperatur, dann wird Eisen in dem Augenblick flüssig, an dem sein Schmelzpunkt erlangt ist. Erhöht man die Temperatur dann weiter und erreicht den Siedepunkt des Eisens, so wird es gasförmig. Substanzen, die bei gewöhnlicher Temperatur gasförmig sind, haben einen Siedepunkt, der unter der uns umgebenden Temperatur liegt. Eine Änderung ihres Aggregatzustandes wird nur durch Abkühlen möglich sein. Sauerstoff zum Beispiel kann man durch Abkühlen erst flüssig und bei extrem tiefen Temperaturen sogar fest machen. Geht man mit der Temperatur so weit herunter, daß alle Stoffe fest geworden sind, hat man den *absoluten Nullpunkt* erreicht. Er liegt einige Zehntelgrade unter minus 273 Grad und wird im Weltraum an bestimmten Stellen annähernd erreicht. Nach oben kennt man keine genaue Temperaturgrenze. Man weiß aber, daß in den Protuberanzen der Sonne bei mehr als einer Million Grad alle Stoffe gasförmig sind.

Wir werden später sehen, daß jeder Stoff aus unzählig vielen, winzig

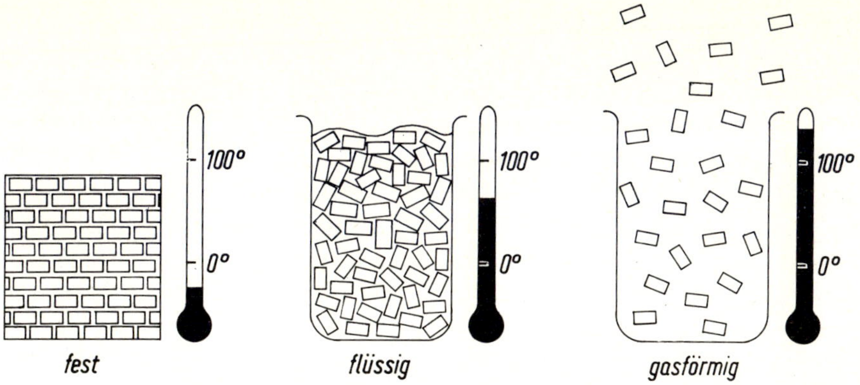

Abb. 1. Aggregatzustände.

kleinen Bausteinen zusammengesetzt ist, die wir Moleküle nennen. Die verschiedenen Aggregatzustände rühren nun daher, daß diese Moleküle sich verschieden schnell bewegen. In einem festen Stoff ist diese Bewegung sehr gering, am absoluten Nullpunkt erlischt sie praktisch ganz. In flüssigen Stoffen findet eine lebhafte Bewegung statt, in Gasen eine sehr schnelle. Während man ein einziges Molekül nicht sehen kann, kann man aber die Bewegung zahlloser solcher Moleküle sehr wohl wahrnehmen. Wenn nämlich Wasser ins Sieden gerät, dann beginnt die Wasseroberfläche sich deshalb zu bewegen, weil große Mengen „schnellgewordener" Moleküle vom heißen Boden des Gefäßes nach oben jagen und dort an die Oberfläche stoßen. Wird die Bewegung so schnell, daß die Teilchen durch die Oberfläche hindurchgeschleudert werden, so hat man nichts anderes als das Entstehen des Dampfes vor sich. Diese Vorstellung zeigt aber noch etwas sehr Wichtiges.

Es ist leicht einzusehen, daß rasch bewegliche Teilchen mehr *Platz* brauchen als ruhig nebeneinander liegende. Flüssige und erst recht gasförmige Stoffe werden also mehr Raum einnehmen als feste. *Die Stoffe dehnen sich beim Erwärmen aus und ziehen sich beim Erkalten zusammen.* Einzige Ausnahme dabei ist das Wasser, das beim Gefrieren mehr Raum einnimmt als in flüssigem Zustand.

Die Kenntnis vom Raumbedarf der Stoffe gibt uns eine weitere Möglichkeit, auf ihren Aggregatzustand einzuwirken. Läßt man einer Substanz den Platz nicht, den sie zum Ausdehnen braucht, dann kann sie auch nicht ohne weiteres in den nächsthöheren Aggregatzustand übergehen. *Durch Anwendung von Druck kann der Aggregatzustand beeinflußt werden.* Ein bekanntes Beispiel hierfür sind die Stahlflaschen mit Sauerstoff, Stickstoff, Wasserstoff und anderen Gasen. Durch das Einpressen in diese Behälter wird die Beweglichkeit (der Physiker sagt: die mittlere freie Wegstrecke) der Moleküle stark eingeschränkt. Das fortwährende Anstoßen an die Gefäßwand erzeugt den Druck. Würde man diesen in geeigneten Behältern noch erhöhen, so könnte man die Gase nahezu in den flüssigen Aggregatzustand überführen. Man muß wissen, daß in solchen Flaschen sehr hohe Drücke herrschen, und vorsichtig mit ihnen umgehen. Vor allem darf man sie nicht zu stark erwärmen, da dann die Flasche dem Druck der Moleküle nicht mehr gewachsen wäre und explodieren könnte. Auch sollte man das Ventil stets langsam öffnen, damit nicht zuviel Gas auf einmal seinen Druck ändert.

Ein weiteres Beispiel für die Wirkung des Druckes ist die Tatsache, daß man Wasser in einem Gefäß bei Unterdruck schon mit weniger als 100 Grad zum Kochen bringen kann, da dann der Luftdruck nicht mehr auf der Wasseroberfläche lastet. Dasselbe gilt für große Höhen (Himalayaexpedition), in denen der Luftdruck geringer ist.

Lösungen (Abb. 2)

Wirft man etwas Zucker in Wasser, so verliert er seine Gestalt und löst sich auf. Das bedeutet aber nicht, daß der Zucker nun in den flüssigen Aggregatzustand übergegangen ist, denn Temperatur und Druck sind ja praktisch gleichgeblieben. Der Zucker ist lediglich in unzählig viele, feinste Partikelchen zerfallen, die im Wasser schweben. *Lösung nennt man die molekulare Verteilung eines Stoffes in einem Lösungsmittel.* Lösen können sich feste Stoffe, Flüssigkeiten und Gase (zum Beispiel die „Kohlensäure" in der Sprudelflasche). Als Lösungsmittel dienen dagegen meistens Flüssigkeiten. Manche Stoffe lösen sich nur in Wasser, andere wieder in Alkohol oder Äther. Charakteristisch ist, daß Lösungsmittel dabei ihren Schmelz- und Siedepunkt verändern. So schmilzt z. B. Wasser nicht mehr genau bei 0 Grad, wenn Salz in ihm gelöst ist, sondern schon bei tieferen Temperaturen (Salzstreuen im Winter bei Glatteis!). Diese *Gefrierpunkterniedrigungen* und *Siedepunkterhöhungen* sind konstant und können genauestens bestimmt werden, so daß man bei unbekannten Lösungen sogar daraus Rückschlüsse auf die Art des gelösten Substrates ziehen kann. Weiter ist wichtig, daß sich immer nur eine bestimmte Menge einer Substanz auflöst, man bezeichnet dies als die *Löslichkeit* eines Stoffes. Sie ist abhängig von der Temperatur. Wirft man Salz ins Wasser, so löst es sich zunächst auf. Ab einer gewissen Menge sinkt das Salz aber ungelöst auf den Boden des Gefässes. Erhitzt man das Salzwasser, so verschwindet der Bodensatz. Bei erhöhter Temperatur lösen sich Substanzen in größerer Menge, beim Erkalten fallen sie wieder aus. Auch Druck ist eine wichtige Ursache für die Veränderung der Löslichkeit.

Kolloide (Abb. 2)

Sind Stoffe nicht in feinster molekularer Verteilung in einem Lösungsmittel vorhanden, sondern als meist langgezogene Moleküle in größeren Verbänden, so spricht man von Kolloiden. Dabei bewegen sich die Teilchengrößen aber immer noch zwischen tausendstel und millionstel Millimeter; teilweise liegen auch sogenannte Riesenmoleküle vor (zum Beispiel im Kautschuk). Befinden sich im Lösungs-, oder wie man hierbei besser sagt, im *Dispersionsmittel* relativ wenig Moleküle, so bewegen sich diese noch mehr oder weniger frei. Man nennt dies ein *Sol*. In höheren Konzentrationen verknäueln und vernetzen sich die großen, langen Moleküle untereinander. Die Lösung wird dann zähflüssig; man bezeichnet sie als *Gel-Lösung*. Verbinden sich die Moleküle so untereinander, daß das Lösungsmittel in ihnen wie in einem Schwamm eingebettet

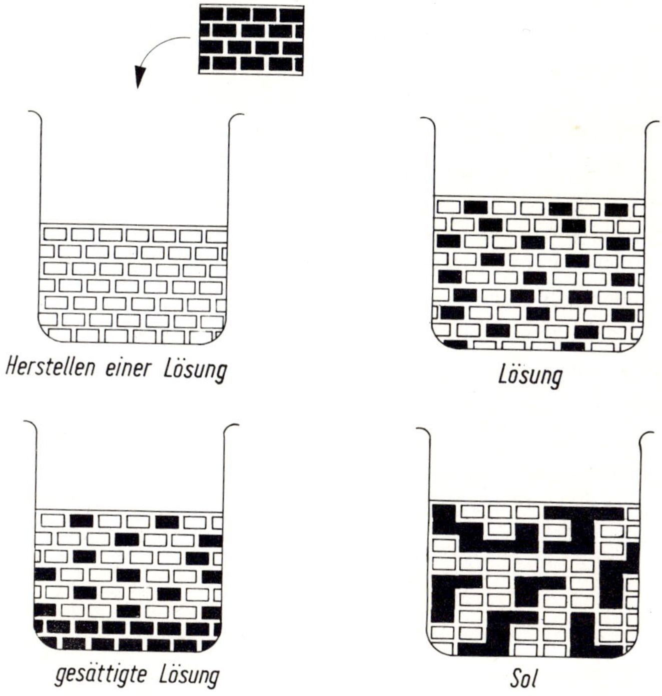

Abb. 2

ist, so spricht man von einem *Gel*. Beispiele für solche gallertartige Zustände sind Eiweiß, Gummi oder Leim.

Mischungen

In vielen Fällen lassen sich Stoffe untereinander vermischen, ohne daß sie dabei chemische Reaktionen miteinander eingehen oder sich lösen. Einige Beispiele dafür sind folgende:

Flüssiger Stoff in gasförmigem Dispersionsmittel = Aerosol (Nebel)
Fester Stoff in gasförmigem Dispersionsmittel = Aerosol (Rauch)
Gasförmiger Stoff in flüssigem Dispersionsmittel = Schaum
Flüssiger Stoff in flüssigem Dispersionsmittel = Emulsion
Fester Stoff in flüssigem Dispersionsmittel = Suspension

Spezifisches Gewicht

Stellen wir uns einen Würfel vor, dessen Kanten 1 cm lang sind. Es wird einleuchten, daß ein solcher Würfel aus Blei mehr wiegen wird als ein solcher aus Holz. Diese Gesetzmäßigkeit hat man im Begriff des spezifischen Gewichtes festgehalten. Ausgangspunkt ist dabei eine bestimmte Menge Wassers von 4 Grad, die das spezifische Gewicht 1 haben soll. Alles, was schwerer ist, hat demnach ein höheres (z. B. Blei), alles, was leichter ist, ein niedrigeres (z. B. Alkohol) spezifisches Gewicht. Schwerer als Wasser sind also Substanzen mit spezifischen Gewichten wie 1,05, 1,5, 2 (doppelt so schwer wie Wasser), 5,76 usw. Leichter sind Stoffe mit spezifischen Gewichten wie 0,99, 0,5 (halb so schwer wie Wasser), 0,002 usw. Zum Messen benützt man bei Flüssigkeiten eine Glasspindel, die in das zu messende Medium eintaucht, oder man mißt die Wasserverdrängung durch eine bestimmte Menge des zu bestimmenden Stoffes. Ein Kilo Blei wird dabei, weil es sehr klein ist, weniger Wasser aus einem Behälter verdrängen als ein Kilo Schaumgummi. Anhand von Formeln berechnet man aus der verdrängten Wassermenge dann das spezifische Gewicht.

Die Elemente

Wenn wir nochmals den Vorgang der Auflösung von Zucker in Wasser betrachten, stellen wir fest, daß der Zucker in unzählig viele kleinste Teilchen zerfallen ist. Alle diese Teilchen sind aber noch Zucker, man nennt sie Zucker*moleküle.* Ißt man aber Zucker, so wird er im Stoffwechsel des Menschen weiter abgebaut; er muß also aus noch kleineren Teilchen als einem Molekül bestehen. Dieser Abbau ist ein chemischer Vorgang. Wie später gezeigt wird, sind die kleinsten Bausteine des Zuckers Kohlenstoff, Wasserstoff und Sauerstoff.

Bevor wir weitere chemische Reaktionen kennenlernen, müssen wir zunächst solche kleinste Teilchen näher betrachten. Man nennt sie *Atome.*

Atomaufbau

Um alle die unzählig vielen Substanzen zu bilden, aus denen unsere Welt besteht, bedient sich die Natur weniger kleinster Bausteine, Atome, die in zahllosen Varianten kombiniert und aneinandergereiht werden. Dabei gibt es nur etwas mehr als hundert verschiedene Arten von Atomen. Grundstoffe, die nur aus einer Atomart bestehen, werden Elemente genannt.

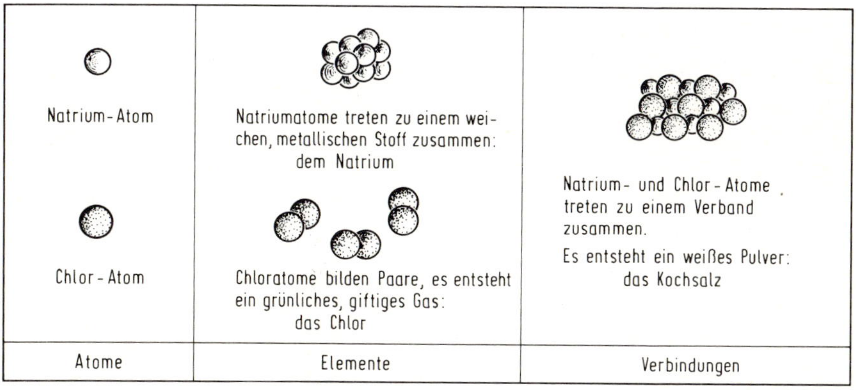

> Elemente sind Grundstoffe, die sich nicht weiter in andere Stoffe zerlegen lassen.
> Atome sind die kleinsten Teilchen dieser Grundstoffe.

Um zu verstehen, warum und wie sich die einzelnen Atome zu Elementen und chemischen Verbindungen zusammenfinden, muß zunächst einiges über ihren Aufbau gesagt werden (Abb. 3).

Jedes Atom besteht aus einem *Kern* und einem *Mantel.* Zusammengehalten werden die beiden durch elektrische Anziehungskräfte, wobei der Atomkern immer positiv geladen ist und der Mantel aus negativen Ladungen besteht.

Atomkern – positiv geladen
Atommantel – negativ geladen

Da es über hundert verschiedene Atom„arten“ gibt, müssen Unterscheidungsmerkmale vorhanden sein. Diese bestehen darin, daß die Gesamtzahl der elektrischen Ladungen verschieden ist. Getragen werden diese Ladungen im Kern von den vergleichsweise schweren *Protonen*, im Mantel von den sehr leichten Elektronen. Jedes der genannten Partikelchen trägt *eine* elektrische Ladungseinheit, und es gibt immer genausoviel negative Elektronen im Mantel wie positive Ladungen im Kern.

Ein weiteres wichtiges Teilchen im Atomkern ist das *Neutron*, das wie die Protonen verhältnismäßig schwer ist, aber *keine* elektrische Ladung trägt. Von der Zahl der Protonen und Neutronen hängt also das Atom*gewicht* ab, während Elektronen und Protonen die elektrische *Ladung* bestimmen und sich immer die Waage halten. Es muß erwähnt werden, daß es darüber hinaus noch eine ganze Reihe von weiteren Bestandteilen im Atom gibt, die aber zum Teil nur flüchtig vorhanden sind, und deren Aufzählung den Rahmen dieses Buches sprengen würde. Auch können einige der genannten Partikel nach neuesten Untersuchungen ineinander übergeführt werden.

Proton – positiv geladen
Träger von Atomgewicht im Atomkern
Neutron – nicht elektrisch geladen
Träger von Atomgewicht im Atomkern
Elektron – negativ geladen
praktisch gewichtslos im Atommantel

Skizze des von *Bohr* 1913 aufgestellten Atommodells: um den Kern sind schalenförmig die Elektronenbahnen angeordnet.

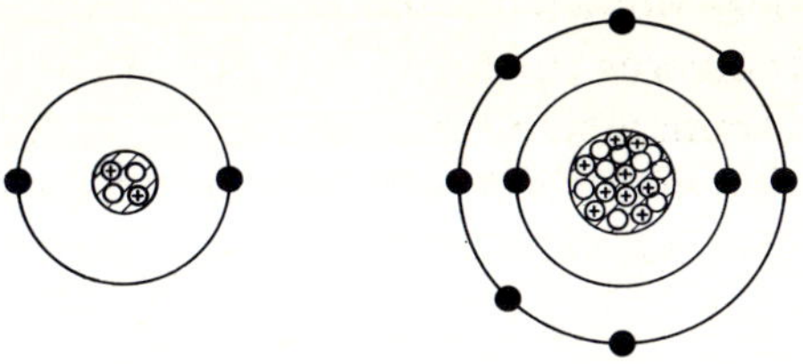

Versuch einer räumlichen Darstellung des *Bohr*schen Modells. Auf der innersten Bahn (= Schale) kreisen maximal 2 Elektronen. Weitere sind dann in mehr peripher liegenden Schalen angeordnet.

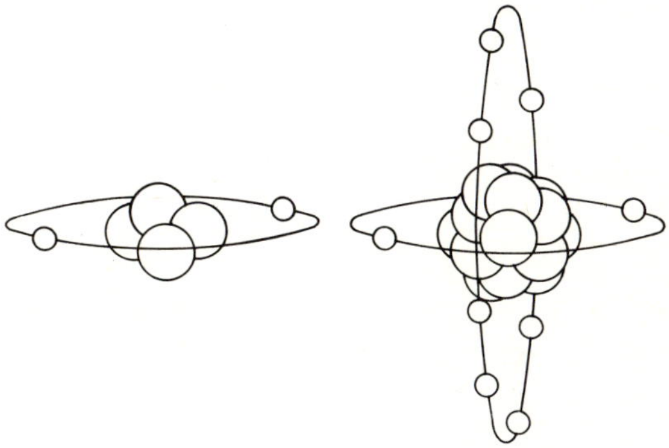

Wolkenmodell der Elektronenhülle. Maximal 2 Elektronen bewegen sich innerhalb eines bestimmten Raumes, der hier als kugelförmige Wolke dargestellt wird. Die hellere Wolke enthält nur 1 Elektron.
● = Atomkern.

Versuch einer Erklärung des Begriffes „Schale“ am Modell der Wolke. Die in den Wolken kreisenden Elektronen können in einem bestimmten Augenblick die hier gezeichneten Positionen einnehmen. Damit liegen sie wie auf den *Bohr*schen Schalen.

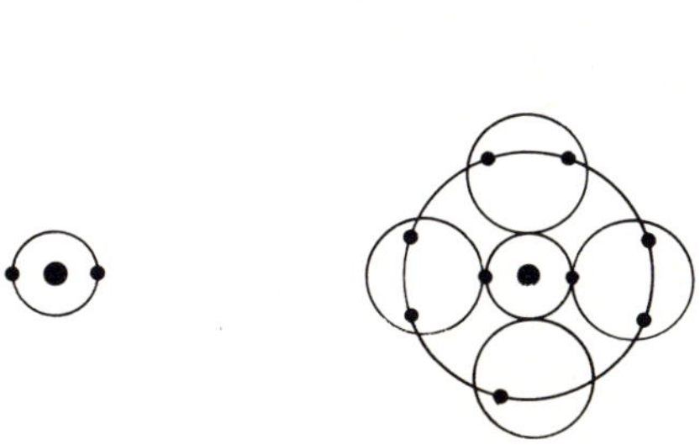

Helium-Atom *Fluor-Atom*

Abb. 3. Modellskizzen zweier Atome. Das ältere Atommodell zeigt den Kern mit Protonen ⊕ und Neutronen ○, um welchen die Elektronen in Kreisbahnen angeordnet sind. Neue Erkenntnisse lassen jedoch annehmen, daß diese sich in wolkenartigen Räumen nahe dem Kern bewegen. Dabei können sie in bestimmten Augenblicken Positionen einnehmen, die auch dem alten *Bohr*schen Modell gerecht werden. So wurde die Darstellung der Atommodelle beibehalten, vor allem aus didaktischen Gründen für Nicht-Abiturientinnen. Die Größenverhältnisse dieser Skizzen sind rein schematisch zu verstehen.

Das Modell des einfachsten Atoms kann man sich also in Form eines Atomkerns aus einem Proton und einem Neutron vorstellen, um den der Atommantel mit einem Elektron liegt. Mit zunehmender Zahl von Protonen und Neutronen im Kern, wie dies bei schweren Atomen der Fall ist, steigt auch die Zahl der Elektronen im Atommantel. Diese sehr leichten Teilchen stehen nicht still, sondern bewegen sich. Weitere Forschungen zeigten, daß die Elektronen nicht alle gleich weit vom Kern entfernt sind. Bis zu zwei Elektronen bewegen sich relativ nah am Kern; die nächsten acht nehmen eine weiter außen gelegene Position ein. Wiederum weiter vom Kern entfernt gruppieren sich die folgenden acht Elektronen, und ähnlich geht es weiter, je nachdem, wie groß die Zahl der Elektronen im Atom ist. Diese Art der Anordnung wird als „Schale" bezeichnet. Die innerste Schale eines Atoms nimmt demnach bis zu 2, die nächstäußere bis zu 8 Elektronen auf, usw. Das nach diesen Ansichten aufgestellte Modell wird nach seinem Entdecker *Bohr*sches Atommodell genannt. Neue Erkenntnisse zeigten dann, daß nicht alle Elektronen *um* den Kern kreisen, sondern sich innerhalb eines kugel- oder hantelförmigen Raumes nahe dem Kern bewegen. Da alle Elektronen negativ geladen sind und sich deshalb gegenseitig abstoßen, sowie aufgund weiterer physikalischer Gesetze ergibt sich, daß immer nur höchstens zwei solcher Teilchen innerhalb eines kleinen, meist kugelförmigen Gebietes kreisen können. Man nennt dies eine Elektronen„wolke". Alle weiteren Elektronen bilden immer neue solche Wolken aus 2 Partnern, und alle diese Zweierwolken gruppieren sich rund um den Kern. Dabei nehmen sie ähnliche Positionen ein wie vom *Bohr*schen Modell her bekannt. Die in verschiedenen Abständen vom Kern gelegenen Aufenthaltsräume der Elektronen werden Orbits genannt, ihnen entsprechen im Bohrschen Modell die Schalen. Die innersten Orbits (= Gruppen von Elektronenwolken) nehmen bei zunehmend größeren Atomen (= größere Zahl von Elektronen) einen immer kleineren Raum ein. Sie werden sozusagen um den Kern herum zusammengedrückt. Die beiden innersten Elektronen der ersten Kugelwolke liegen unmittelbar um den Kern herum, also gleich wie beim *Bohr*schen Modell.

Zählt man bei einem Atom die insgesamt vorhandenen Elektronen aller Schalen zusammen, so erhält man gleichzeitig die Zahl der Protonen im Kern, da sich ja die jeweiligen negativen und positiven Ladungen ausgleichen müssen.

Entsprechend den Modellskizzen in Abb. 3 können nun alle bekannten Atome dargestellt werden. Das einfachste ist ein Atom, welches aus einem Proton und einem Elektron besteht, wie es in Form des *Wasser-*

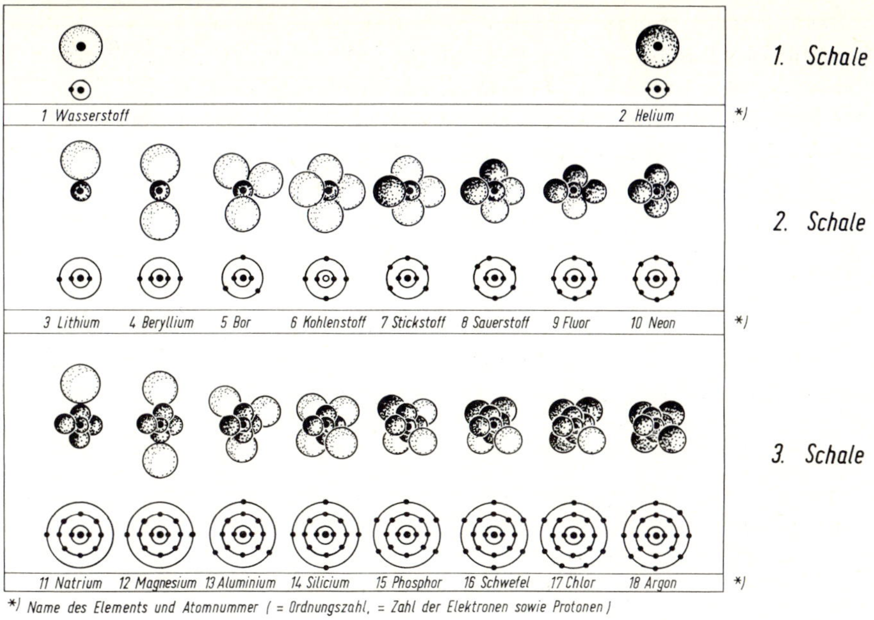

Abb. 4. Aufbau der achtzehn einfachsten Atome, dargestellt nach dem *Bohr*schen Modell und in Form von Kugelwolken. Hell gezeichnete Kugelwolken enthalten ein, dunkler gezeichnete zwei Elektronen. Das einfachste Atom (Wasserstoff) enthält im Kern ein Proton (die Atomkerne sind nur als dunkle Punkte dargestellt) und in der um den Kern liegenden Wolke ein Elektron. Helium, dessen Kern zwei Protonen enthält, hat eine mit zwei Elektronen „gesättigte" kugelförmige Elektronenwolke. Lithium (3 Protonen im Kern) hat dieselbe Wolke wie Helium, dazu aber noch ein weiteres Elektron. Dieses kreist in einem kugelförmigen Raum weiter außerhalb; es ist eine neue Schale (ein neuer Orbit) angefangen worden. Beim nächsten Element, Beryllium (4 Protonen im Kern), könnte an sich das neu hinzukommende Elektron zunächst die äußere Kugelwolke seines Vorgängers komplettieren und eine doppelte besetzte Kugelwolke bilden. Da sich aber die Elektronen gegenseitig abstoßen, wird zunächst eine weitere einfach besetzte Kugelwolke gebildet, auch bei den folgenden Elementen Bor und Kohlenstoff. Erst dann werden die Wolken mit einem zweiten Elektron aufgefüllt. Damit ist dann beim Neon die zweite Schale ebenfalls voll; mehr Elektronen sind wegen der gegenseitigen Abstoßung nicht in die Wolken hineinzubringen. Demnach wird mit dem Natrium die nächste, dritte, Schale begonnen. Es ist deutlich zu sehen, daß die untereinander stehenden Elemente (z.B. Wasserstoff, Lithium und Natrium) gleichartige äußere Schalen haben. Da aber die Elektronen der äußeren Schalen die chemischen Eigenschaften bestimmen, reagieren diese Elemente chemisch auch ähnlich. Weiter ist deutlich zu sehen, daß die am weitesten links stehenden Atome mit nur einem Elektron in der äußersten Schale bereits von der Darstellung her so aussehen, als ob sie nicht recht im Gleichgewicht wären. Tatsächlich sind es auch die Elemente, die am wenigsten stabil sind und am leichtesten mit anderen Elementen reagieren.

stoffatoms tatsächlich vorliegt. Ein Kohlenstoffatom hat 6 Elektronen (zwei in der innersten Schale, die damit voll ist, und 4 in der nächsten Schale) und somit auch 6 Protonen im Kern. Als Beispiel eines großen Atoms kann das Quecksilber aufgeführt werden, das insgesamt 80 Elektronen in seinen verschiedenen Schalen hat und über die gleiche Zahl von Protonen verfügt.

Die Anordnung der Elektronen in Wolken, die sich als Orbits (Schalen) um den Kern gruppieren, geht nach bestimmten Gesetzmäßigkeiten vor sich. Schale 1 nimmt bis zu 2 Elektronen auf, die zweite Schale bis zu 8, die dritte ebenfalls. Infolge des nun bereits relativ großen Abstandes vom Kern können die Schalen aber nun mehr Elektronen als acht aufnehmen, in Schale 3 bis zu 18. Aus Gründen des Energiegleichgewichtes wird trotzdem, sobald Schale 3 acht Elektronen aufgenommen hat, die neue Schale Nr. 4 begonnen. Sobald dort die ersten beiden Elektronen Platz gefunden haben, werden die nun folgenden wieder weiter innen, in Schale 3, eingebaut bis zu deren vollem Fassungsvermögen von 18 Elektronen. Erst dann lagern sich weitere Teilchen wieder in die vierte Schale ein. Ähnlich geht es weiter.

Bei dieser Darstellung könnte die Vorstellung entstehen, daß man durch „Einbau" von Elektronen immer größere Atome „herstellen" könnte. So ist die Angabe von „Anfüllen" der Schalen aber nicht zu verstehen. Es handelt sich hierbei nur um den Versuch, den Atomaufbau möglichst klar darzustellen (Abb. 4).

Die *chemischen Eigenschaften* eines Atoms werden von den Elektronen bestimmt, die sich in der äußeren Schale befinden. So werden also alle Atome, die in der äußersten Schale ein Elektron besitzen, chemisch ähnlich reagieren, genau wie dies alle Atome mit jeweils zwei, drei usw. Elektronen tun.

Die in Abbildung 4 links untereinander gezeichneten Atome haben zum Beispiel alle in der äußersten Schale *ein* Elektron, welches ihre chemischen Eigenschaften bestimmt. Die darunterliegenden Schalen sind aufgefüllt und spielen für die Betrachtung der Reaktionsweise keine Rolle.

Atomgewicht

Da genaue, auf noch viel weniger als millionstel Milligramm ausgerechnete Gewichtsangaben für die Elementarteilchen hier nicht interessieren, soll das Gewicht eines Protons mit 1 angegeben werden. Ein Neutron wiegt dann ebenfalls 1, während das Elektron nur 0,0005 schwer ist und deshalb bei Überschlagsrechnungen weggelassen werden kann. Auf Grund dieser Angaben kann für jedes Atom ein bestimmtes Gewicht angegeben werden, das sich aus der Zahl der Protonen und Neutronen errechnet.

Das in Abbildung 4 gezeichnete Schwefelatom hat 16 Protonen. Nimmt man noch dieselbe Zahl von Neutronen hinzu, so kommt man auf das Atomgewicht 32. Genaue Berechnungen ergeben nun aber ein Atomgewicht von 32,06, wobei die sehr leichten Elektronen an dieser Verschiebung nicht schuld sein können. Ursache ist vielmehr die Tatsache, daß es verschiedene Arten von Schwefelatomen gibt, die zwar alle 16 Protonen und 16 Elektronen haben und deshalb ja auch chemisch als Schwefel imponieren; nur gibt es einen Unterschied in der Zahl der Neutronen. Neben Schwefelatomen mit 16 Protonen und 16 Neutronen im Kern gibt es also auch solche mit 16 Protonen und 17 Neutronen im Kern. Diese Atome müssen *schwerer* sein. Eine kleine Beimischung solcher schwerer Atome bedingt dann die Verschiebung des Atomgewichtes um eine kleine Gewichtsmenge. Wichtig zu wissen ist, daß viele Elemente Atome besitzen, die um ein oder mehrere Neutronen schwerer oder leichter sind. Man nennt diese andersartigen Teilchen *Isotope*.

> *Isotope sind Atome des gleichen Stoffes mit gleicher Protonen- und Elektronenzahl* – also gleichen chemischen Eigenschaften –, *jedoch mit verschiedener Neutronenzahl* und damit mit unterschiedlichem Atomgewicht.

Wertigkeit

Es wurde bereits erwähnt, daß die Zahl bzw. die Anordnung der Elektronen in der äußersten Schale die chemischen Eigenschaften des Atoms bestimmt. Darüber wird später noch mehr zu sagen sein. Sehr wichtig ist es nun aber, daß diese Elektronen auch die *Reaktionsfähigkeit* des Atoms beeinflussen. Stoffe, bei denen die äußersten Elektronenschalen aufgefüllt sind (d. h. zwei, acht usw. Elektronen enthalten), reagieren fast überhaupt nicht mit anderen Substanzen. Man nennt Elemente aus solchen Atomen, die in der Natur als Gase vorkommen, deshalb auch *Edelgase*. Dagegen zeigen Atome mit nur einem oder mit sieben Elektronen (fast volle Schale) eine ausgesprochen deutliche Reaktionsfähigkeit.

> *Atome suchen ihre äußerste Elektronenschale immer zu komplettieren, sei es durch* Abgabe überflüssiger *oder durch* Aufnahme fehlender *Elektronen. Atome mit kompletter äußerer Schale reagieren praktisch nicht und heißen Edelgase.*

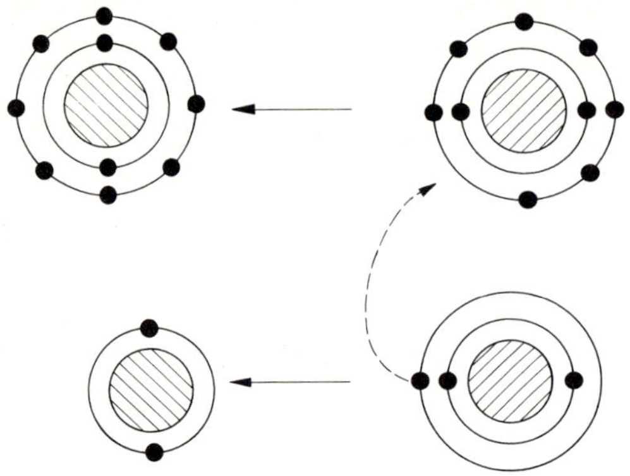

Abb. 5. Komplettierung von Außenschalen durch Elektronenaustausch.[1])

Wie später noch ausführlich beschrieben wird (S.55), kann ein Atom mit nur einem Elektron in der äußeren Schale dieses an andere Atome abgeben, zum Beispiel an ein Atom mit sieben Elektronen. Dies bekommt dann dadurch acht und komplettiert seine Schale damit (Abb. 5). Gleichzeitig erhält das Atom, das ein Elektron abgegeben hat, jetzt die nächstuntere Schale als äußere Hülle, und auch diese ist komplett.

Ein Austausch von Elektronen ist nicht nur mit einem, sondern auch mit mehreren dieser Teilchen möglich. Alle Atome, die nicht Edelgasen angehören, haben also „übrige" oder „fehlende" Elektronen, und zwar verschieden viele. Atome mit 6 Elektronen in der äußersten Schale können demnach zwei aufnehmen, Atome mit z. B. drei Elektronen in der Außenschale diese drei abgeben.

Die Zahl freier Stellen in der äußersten Elektronenhülle oder die Menge an „überzähligen" Elektronen gibt die Wertigkeit eines Atoms an.

So sind das Natriumatom mit einem und das Chloratom mit sieben Elektronen und einem freien Platz in der Außenhülle je einwertig, der Sauerstoff mit sechs Elektronen zweiwertig. Um zu unterscheiden, ob die Wertigkeit auf abzugebenden Elektronen oder freien Stellen beruht, wird letzteres als „negativwertig" bezeichnet. Demnach ist das Natriumatom einwertig und das Chloratom negativ einwertig. Da das Wasserstoffatom überhaupt nur ein Elektron besitzt, kann man auch eine andere Definition der Wertigkeit (anderes Wort: *Valenz*) geben:

---

[1]) Aus didaktischen Gründen wird von hier an zunächst das Atommodell von *Bohr* beibehalten. Es vermeidet die Schwierigkeiten der räumlichen Darstellung und erlaubt, einfache atomphysikalische Tatsachen anschaulich darzustellen.

Die Wertigkeit eines Atoms gibt die Zahl der Wasserstoffatome an, die es binden oder ersetzen kann.

Näheres über die Verbindung der Atome untereinander und über Wertigkeit wird unter dem Kapitel „Ionentheorie" (S. 53) besprochen.

Molekülaufbau

Es wurde eben erwähnt und soll später noch ausführlich besprochen werden, daß die Atome zum Erreichen einer kompletten äußeren Elektronenschale einige Elektronen abgeben oder aufnehmen können. Man nennt solche Verbindungen *polare* oder *Ionen*bindungen. Im Gegensatz dazu steht eine andere Möglichkeit, zu einer kompletten äußeren Schale zu kommen, welche wir *unpolare* oder *Molekül*bindung nennen. Das Wesen einer solchen Bindung besteht nun nicht aus dem Austausch, sondern dem *gemeinsamen Besitz von Elektronen.* Es lagern sich die Atome so zueinander, daß von jedem Atom her die Außenschale voll erscheint, obwohl ein oder mehrere Elektronen zu einem anderen Atom gehören (Abb. 6).

Die eben genannte Art einer Bindung ist in der Natur außerordentlich häufig. Da alle Atome bis auf die Edelgase sehr leicht reaktionsfähig sind, das heißt also ihre äußere Schale komplettieren wollen, finden wir *Atome praktisch immer in einem Zustand vor, in dem sie eine Bindung bereits eingegangen sind.* So wird das Sauerstoffatom immer in Verbindung mit anderen Atomen vorgefunden, *wobei das Nachbaratom noch ein zweites Sauerstoffatom sein kann.*

Abb. 7 zeigt links ein *Wassermolekül*, rechts ein *Sauerstoffmolekül*. Da das Sauerstoffatom in der äußersten Schale nur 6 Elektronen besitzt, sucht es sich zu komplettieren. In der Natur wird deshalb Sauerstoff nicht in Form von Atomen, sondern nur als Molekül gefunden – entweder in einer Verbindung mit einem anderen Stoff oder mit sich selbst.

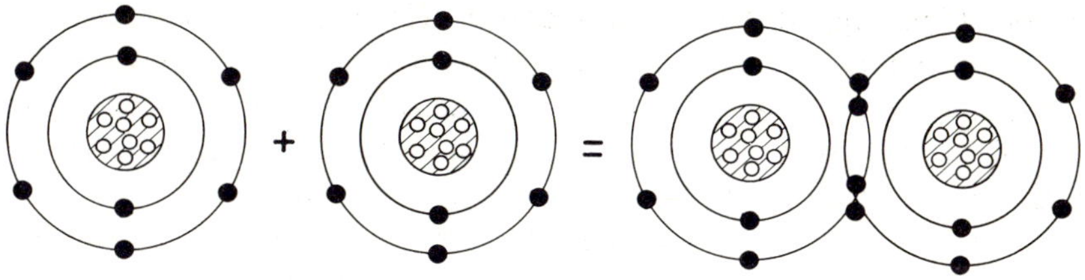

Abb. 6. Komplettierung von Außenschalen durch gemeinsamen Besitz von Elektronen.

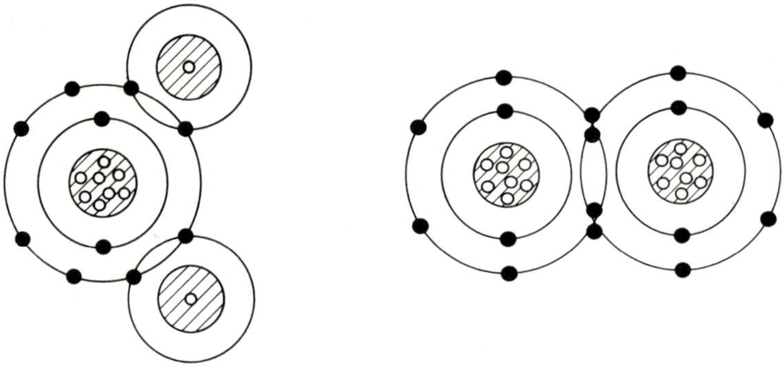

Abb. 7. Sauerstoffatom in Bindung mit Wasserstoff und mit einem zweiten Sauerstoffatom.

Links in Abbildung 7 haben zwei Wasserstoffatome durch ihre Anlagerung zu einer vollständigen Elektronenschale beigetragen, rechts ist von jedem der beiden Atome her gesehen die Außenschale mit 8 Elektronen besetzt, von denen aber nur jeweils 6 von einem der beiden Atome stammen.

Moleküle bestehen aus zwei oder mehr Atomen desselben oder verschiedener Elemente. Sie können der kleinste Teil einer chemischen Verbindung oder der kleinste *frei beständige* Teil eines Elementes sein.

Periodensystem der Elemente

Das bisher über Atome und Elemente Gesagte hat bereits eine ganze Reihe von Gesetzmäßigkeiten aufgezeigt. Durch geeignete Anordnung aller bekannter Atomarten in einem System konnte man die überraschende Genauigkeit dieser Gesetze nachweisen. Es soll hier nicht das gesamte System der Perioden und Gruppen besprochen, sondern nur das Wesentliche hervorgehoben werden. Siehe hierzu die Tabelle „Periodensystem der Elemente“. Durch Einschieben von Elektronen auf untere Schalen entstehen innerhalb des Periodensystems Untergruppierungen und Ausnahmestellungen, die scheinbar regellos sind, aber ebenfalls genauen Gesetzen gehorchen. Diese Gruppen werden hier nicht näher erläutert.

Jedes Atom erhält im Periodensystem eine Nummer, die man Atomnummer oder *Ordnungszahl* nennt. In der Reihenfolge dieser Zahlen werden die verschiedenen Atome angeführt, beginnend mit dem kleinen Wasserstoffatom und endend mit den großen Atomen jenseits des Urans, die künstlich hergestellt werden und Transurane heißen. Dabei bezeichnet die Ordnungszahl die Anzahl der positiven Kernladungen, also die Zahl der Protonen, und gleichzeitig auch die der Elektronen in der Atomhülle.

Nach der Atomnummer folgt die chemische Kurzbezeichnung des betreffenden Elements, auch Symbol genannt. Die einzelnen Symbole gehen aus der Tabelle hervor.

Die waagrechten Reihen im Periodensystem, die eigentlichen *Perioden*, bezeichnen die Anzahl der Elektronenschalen. Da die innerste Schale maximal zwei Elektronen aufnehmen kann, stehen in der ersten Periode nur zwei Elemente: Wasserstoff und Helium. Die beiden folgenden Schalen fassen bis zu acht Elektronen und weisen daher in Periode 2 und 3 je acht Elemente auf. Wie bereits früher erwähnt, nehmen die folgenden Perioden 18 bzw. 32 Elektronen auf und zeigen daher eine entsprechende Anzahl von verschiedenen Atomen.

Wenn hier die Begriffe *Atom* und *Element* gebraucht werden, so ist daran zu erinnern, daß Atome die kleinsten Teilchen der Elemente sind. Weil man aber im Periodensystem vom kleinsten Teilchen ausgeht, können die aufgeführten Stoffe nicht nur als Elemente, sondern auch als Atome bezeichnet werden.

Die senkrechten Reihen oder *Gruppen* geben die Zahl der Elektronen in der äußersten Schale an. Da aber diese Elektronen die chemischen Eigenschaften bestimmen, stimmen die Elemente der einzelnen Gruppen in diesen Eigenschaften weitgehend überein. Weiterhin gibt die Zahl der Elektronen in der äußersten Schale mit ihren freien Stellen oder abzugebenden Teilchen auch die *Wertigkeit* an, die demnach in den untereinander stehenden Elementen einer Gruppe gleich ist.

Die Angabe dieser Wertigkeit bezieht sich auf den Austausch von Elektronen mit Wasserstoff oder Chlor (*Wasserstoffwertigkeit*), wobei diese Elemente jeweils ein Elektron aus ihren Atomen abgeben oder eines aufnehmen können. Darüber hinaus gibt es noch eine *Sauerstoffwertigkeit*, die in den Gruppen I bis VII von ein- bis siebenwertig ansteigt. Der Übersichtlichkeit halber wird im Rahmen dieses Buches unter Wertigkeit die gegen Wasserstoff und Chlor verstanden.

Gruppe I umfaßt in einem Anteil Ia die Alkalimetalle mit den Elementen Li, Na, K, Rb und Cs, wobei in dieser Reihenfolge jedes Atom immer eine ganze Elektronenschale mehr hat. In der äußersten Schale steht aber immer nur ein Elektron. Das Bestreben, dieses Teilchen abzugeben,

Periodensysteme der Elemente

Periode (Anzahl der Schalen)	*Gruppe* (Die Gruppenzahl gibt die Anzahl der Elektronen in der äußersten Schale an, Wertigkeit!)									
	Gruppe I	*Gruppe 2*	*Gruppe III*	*Gruppe IV*	*Gruppe V*	*Gruppe VI*	*Gruppe VII*	*Gruppe VIII*		*Gruppe 0*
1	*1 H* Wasserstoff 1,008										*2 He* Helium 4,003
2	*3 Li* Lithium 6,94	*4 Be* Beryllium 9,01	*5 B* Bor 10,81	*6 C* Kohlenstoff 12,01	*7 N* Stickstoff 14,007	*8 O* Sauerstoff 15,999	*9 F* Fluor 19,00				*10 Ne* Neon 20,183
3	*11 Na* Natrium 22,99	*12 Mg* Magnesium 24,31	*13 Al* Aluminium 26,98	*14 Si* Silicium 28,09	*15 P* Phosphor 30,97	*16 S* Schwefel 32,06	*17 Cl* Chlor 35,453				*18 Ar* Argon 39,994
4	*19 K* Kalium 39,10	*20 Ca* Calcium 40,08	*21 Sc* Scandium 44,96	*22 Ti* Titan 47,9	*23 V* Vanadium 50,94	*24 Cr* Chrom 52,00	*25 Mn* Mangan 54,94	*26 Fe* Eisen 55,85	*27 Co* Kobalt 58,93	*28 Ni* Nickel 58,71	
	29 Cu Kupfer 63,54	*30 Zn* Zink 65,37	*31 Ga* Gallium 69,72	*32 Ge* Germanium 72,6	*33 As* Arsen 74,92	*34 Se* Selen 78,96	*35 Br* Brom 79,91				*36 Kr* Krypton 83,8
5	*37 Rb* Rubidium 85,47	*38 Sr* Strontium 87,62	*39 Y* Yttrium 88,90	*40 Zr* Zirkonium 91,22	*41 Nb* Niob 92,91	*42 Mo* Molybdän 94,94	*43 Te* Technetium 97	*44 Ru* Ruthenium 101,1	*45 Rh* Rhodium 102,9	*46 Pd* Palladium 106,4	
	47 Ag Silber 107,87	*48 Cd* Cadmium 112,40	*49 In* Indium 114,82	*50 Sn* Zinn 118,69	*51 Sb* Antimon 121,75	*52 Te* Tellur 127,60	*53 J* Jod 126,90				*54 Xe* Xenon 131,3
6	*55 Cs* Cäsium 132,9	*56 Ba* Barium 137,34	*57 bis 71* Seltene Erden	*72 Hf* Hafnium 178,5	*73 Ta* Tantal 180,95	*74 W* Wolfram 183,85	*75 Re* Rhenium 186,2	*76 Os* Osmium 190,2	*77 Ir* Iridium 192,2	*78 Pt* Platin 195,09	
	79 Au Gold 196,97	*80 Hg* Queck- silber 200,59	*81 Tl* Thallium 204,37	*82 Pb* Blei 207,19	*83 Bi* Wismut 209,98	*84 Po* Polonium 209	*85 At* Astat 210				*86 Rn* Radon 22
7	*87 Fr* Francium 223	*88 Ra* Radium 226	*89 Ac* Actinium 227	*90 Th* Thorium 232,04	*91 Pa* Protacti- nium 231	*92 U* Uran 238,03	*93 Np* Neptunium 237	*94 Pu* Plutonium 244	*95 Am* Americium 243	*96 Cm* Curium 247	

Über die aufgeführten Elemente hinaus ist es inzwischen gelungen, weitere mit Ordnungszahlen bis über 100 zu finden; allerdings können einige der Stoffe nur künstlich hergestellt werden – in der Natur kommen sie nicht vor oder konnten bisher nicht dargestellt werden.

macht die Alkalimetalle sehr reaktionsfreudig. Sie bilden starke Laugen, ihre Salze sind leicht löslich und kommen im Meerwasser vor.

Anteil Ib mit den Elementen Kupfer, Silber und Gold weist Metalle mit sehr ähnlichen chemischen Eigenschaften auf.

Gruppe II enthält als IIa die Erdalkalimetalle Be, Mg, Ca, Sr und Ba, die alle zweiwertig sind, ebenfalls leicht reagieren und auch Laugen bilden. Gruppe IIb und alle folgenden b-Gruppen (in der Tabelle in der zweiten Reihe der jeweiligen Periode) enthalten Metalle, die zum Teil selten sind und sich von Gruppe zu Gruppe untereinander ähneln.

Gruppe III weist die Erdmetalle auf, darunter die kaum vorkommenden seltenen Erden. Es besteht eine Neigung, sich leicht mit Sauerstoff zu verbinden.

Gruppe IV zeigt Übergänge. Während Kohlenstoff noch ein Nichtmetall ist, sind Silicium und Germanium Halbmetalle und schließlich Zinn und Blei Ganzmetalle.

Gruppe V und VI enthält zahlreiche Elemente, die starke Säuren bilden können.

Gruppe VIIb mit den Elementen Fluor, Chlor, Brom und Jod bezeichnet man als Halogene. Da in der äußersten Elektronenschale nur ein Elektron fehlt und dieser Platz möglichst ausgefüllt sein soll, bieten die Halogene ähnlich wie die Alkalimetalle eine erhebliche Reaktionsfreudigkeit, sie sind ebenfalls einwertig.

Gruppe VIII nennt 9 Metalle, die in ihren Perioden Ähnlichkeiten zeigen. Eisen, Kobalt und Nickel sind beispielsweise alle magnetisch, Platin kommt stets mit seinen Verwandten Osmium und Iridium vor.

Gruppe 0 enthält die Edelgase, deren Elektronenschalen vollständig sind. Diese Elemente zeigen daher keine chemische Reaktionsfähigkeit, haben keine Wertigkeit und verbinden sich deshalb nahezu nie mit anderen Stoffen. Gerade diese Elemente zeigen in eindrucksvoller Weise, wie der Aufbau des Atoms mit seinen Elektronenschalen das Verhalten eines Stoffes bestimmt.

Die Gesetzmäßigkeiten des Periodensystems können also kurz folgendermaßen umrissen werden:

1. Die *Atomnummer* gibt als Ordnungszahl die Stellung im System und gleichzeitig *die Zahl der Protonen sowie der Elektronen* an.
2. Die *Periodenzahl* gibt die *Zahl der Elektronenschalen* an.
3. Die *Gruppennummer* bezeichnet die *Wertigkeit.*

4. In den *ersten beiden Gruppen sind ausgesprochene Metalle und Basenbildner*, in den *Gruppen VI und VII ausgesprochene Nichtmetalle und Säurebildner.*
5. Die *metallischen Eigenschaften nehmen mit steigendem Atomgewicht zu.*
6. Das *Atomgewicht* errechnet sich im Wesentlichen aus der *Anzahl der Neutronen und Protonen*, Verschiebungen entstehen durch Isotope.

Schreibweise von chemischen Formeln

Mit der Kenntnis der chemischen Symbole, der Wertigkeiten und des Molekülaufbaus sind die wichtigsten Voraussetzungen erfüllt, Stoffe und Vorgänge jetzt mit den bekannten *chemischen Formeln* darzustellen. Eine Skizze soll die bisherige Schreibweise in Atommodellen der Formelschreibung gegenüberstellen (Abb. 8). Wie aus der Gegenüberstellung bereits hervorgeht, werden einzelne Atome durch ihre chemischen Symbole bezeichnet: Na, K, O, Fe usw. Wegen unvollständiger äußerer Elektronenschalen und der dadurch bedingten Reaktionsfreudigkeit

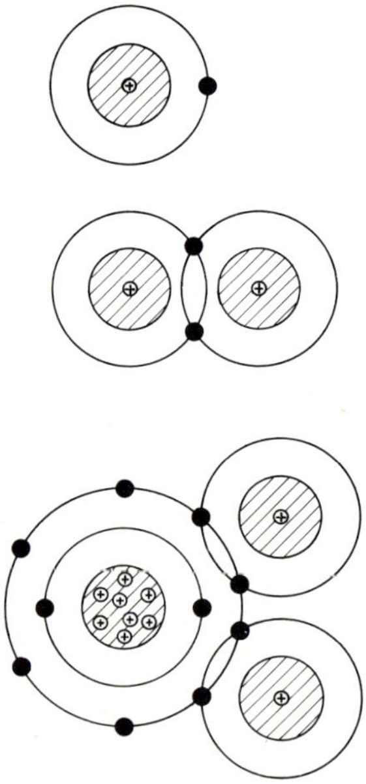

Chemische Schreibweise: H
Erklärung: Einzelnes Atom des Elementes Wasserstoff, wie es im Periodensystem aufgeführt ist. Wegen seiner Reaktionsfähigkeit in dieser Form nicht stabil.

Chemische Schreibweise: H_2
Erklärung: Molekül des Elementes Wasserstoff. Durch Bildung einer gesättigten Schale liegt jetzt eine stabile Form vor, so kommt Wasserstoff in der Natur vor.

Chemische Schreibweise: H_2O
Erklärung: Molekül der Verbindung „Wasser". Dem Sauerstoffatom fehlen auf der äußersten Schale 2 Elektronen zur Komplettierung (deshalb als negativ zweiwertig bezeichnet). Durch Anlagerung von zwei Wasserstoffatomen (je einwertig) entsteht eine mit acht Elektronen maximal gefüllte, stabile Achterschale.

Abb.8. Atommodelle.

kommen aber, wie bereits mehrfach erwähnt, einzelne Atome nur sehr selten und unter besonderen Umständen in der Natur vor. In der Regel bestehen die Stoffe aus Molekülen, welche aus Atomen desselben Stoffes oder verschiedener Elemente zusammengesetzt sein können. Die Anzahl der einzelnen Atome wird durch eine kleine tiefgestellte Ziffer hinter dem Symbol angegeben. Demnach bedeutet S ein Atom Schwefel (eine kleine tiefgestellte $_1$ wird also nicht geschrieben), S_2 zwei Atome Schwefel, S_3 drei Atome und so fort. Ein Sauerstoff*molekül*, bestehend aus den zwei Sauerstoff*atomen*, wird als O_2 dargestellt, ein Molekül Kochsalz (aus einem Atom Chlor und einem Atom Natrium) als NaCl. Entsprechend heißt ein Methanmolekül aus einem Atom Kohlenstoff und vier Atomen Wasserstoff CH_4 oder ein Schwefelsäuremolekül H_2SO_4. Soll gelegentlich eine besondere Gruppe hervorgehoben werden, so zum Beispiel die Gruppierung OH im Äthylalkohol, dann schreibt man eine etwas abweichende Formel: C_2H_5OH statt C_2H_6O im genannten Fall. Alle diese Formeln nennt man *Summenformeln*, da sie die Gesamtsumme der Atome im Molekül angeben.

Chemische Reaktionen erfordern gelegentlich aus Gründen des besseren Verständnisses oder bestimmter Reaktionsweisen die Angabe von Einzelatomen. Die Anzahl solcher Atome oder eine Vielzahl von Molekülen wird durch vorgestellte arabische Ziffern gekennzeichnet: Zwei Atome Sauerstoff und vier Atome Wasserstoff geben zwei Moleküle Wasser:

$$2O + 4H = 2H_2O$$

In solchen Summenformeln müssen die Mengen der Atome auf beiden Seiten gleich sein. Beispiel:

$$P_2O_5 + H_2O = 2HPO_3$$

(Phosphorpentoxid plus Wasser ergibt Metaphosphorsäure).

Beidseits des Gleichheitszeichens stehen je 2 Phosphoratome und zwei Wasserstoffatome. Für den Sauerstoff rechnet man: links stehen 5O aus dem P_2O_5 und ein O aus dem H_2O, macht zusammen 6O. Rechts stehen zweimal 3, also ebenfalls 6 Sauerstoffatome, und damit stimmt die Gleichung. Bei diesen Rechnungen können auch einzelne Gruppen vervielfacht werden, wie im Magnesiumhydroxid $Mg(OH)_2$, welches demnach neben einem Magnesiumatom zwei Sauerstoff- und zwei Wasserstoffatome enthält. Zwei Moleküle dieses Stoffes wären durch die Bezeichnung $2Mg(OH)_2$ darzustellen und enthielten dann 2 Atome Mg, vier Atome O und vier Atome H.

Einige wichtige Elemente und deren Verbindungen

Gase

Wasserstoff (Symbol H)

Vorkommen

Elementarer Wasserstoff in Form des molekularen H_2 kommt sehr selten vor; in manchen vulkanischen Gebieten entweicht er aus Erdspalten. Als Industrieprodukt findet man ihn zu einem hohen Prozentsatz im Leuchtgas. Vorwiegend aber ist Wasserstoff in gebundener Form vorhanden, vor allem als Wasser H_2O und in organischen Stoffen wie den Kohlenwasserstoffen.

Leitet man elektrischen Gleichstrom durch Wasser, so zersetzt es sich infolge Elektrolyse (Seite 56) in seine Bestandteile H und O, die sofort mit sich selbst zu H_2- und O_2-Molekülen verschmelzen. Das Gemisch dieser beiden Gase (Knallgas) ist hochexplosiv und verbrennt äußerst leicht zu Wasser; *demnach ist Wasser also oxydierter Wasserstoff* oder Wasserstoffoxid.

Bedeutung

Der farb- und geruchlose, gasförmige Stoff H_2 ist die leichteste aller Substanzen. Aus diesem Grund kann man Luftballone damit füllen, die dann einen starken Auftrieb erhalten. Die Gefährlichkeit des Wasserstoffes wurde eindrucksvoll und tragisch zugleich durch die Explosion des damit gefüllten Luftschiffes „Hindenburg" in New York bewiesen. Aus diesem Grund wird zu solchen Zwecken heute Helium genommen. Aus dem Periodensystem läßt sich leicht ablesen, daß Helium weder explodieren kann (volle Elektronenschale, keine Reaktionsbereitschaft), noch wesentlich schwerer ist als Wasserstoff, wenn man mit den anderen Elementen vergleicht.

In der Industrie verwendet man Wasserstoff, der mit Sauerstoff eine sehr heiße Flamme ergibt, zum Schneiden von Metallen im Schneidbrenner. Wasserstoff muß in rotgestrichenen Stahlflaschen mit Linksgewinde zur Vermeidung von Verwechslungen aufbewahrt werden.

Sauerstoff (Symbol O)

Die Entdeckung dieses Elementes geht auf *Priestley* und *Scheele* zurück. *Lavoisier* entdeckte 1774, daß Quecksilber beim Erhitzen einen bestimmten Stoff aus der Luft herausnimmt und daß viele Verbrennungsprodukte in Wasser gelöst eine Säure ergeben, woraus er den Namen Sauerstoff ableitete.

Luft enthält 20% Sauerstoff als O_2, Wasser in 16 von 18 Gewichtsteilen chemisch gebunden als H_2O (270 kg Wasser enthalten 240 kg Sauerstoff). Darüber hinaus ist in fast allen Gesteinen Sauerstoff enthalten, beispielsweise im Quarz (SiO_2).

Bedeutung

Das farb- und geruchlose Gas O_2, von dem sich bei Zimmertemperatur 32 ml in einem Liter Wasser lösen, ist lebensnotwendig zur Aufrechterhaltung der Atmung aller Lebewesen mit Ausnahme einiger Bakterien, Hefepilze und niederer Tiere. Der Mensch verbraucht etwa 4% des Luftsauerstoffes beim Atmen, so daß die Ausatemluft noch 16% O_2 enthält und damit immer noch zur Atemspende bei Mund-zu-Mund-Beatmung verwendet werden kann. Fische nehmen den physikalisch gelösten Stoff durch ihre Kiemen auf. Einige Bakterien können nur mit Sauerstoff leben (*Aerobier*), andere ohne (*Anaerobier*). Erreger des Wundstarrkrampfes können beispielsweise ohne Luft in tiefen, geschlossenen Wunden leben. Näheres über die Atmung auf Seite 92.

Technisch wird Sauerstoff aus verflüssigter Luft gewonnen, aus welcher er beim Erwärmen später als der leichter flüchtige Stickstoff abdampft. Im Handel ist Sauerstoff in den bekannten, blau gekennzeichneten Stahlflaschen, die unter einem Druck von 150 Atmosphären stehen (als Vergleich: Autoreifen haben einen Druck von 1,2 bis 2 Atmosphären). Ventile und Leitungen nie ölen, da es beim Drüberstreichen des Sauerstoffes zur Entzündung kommen kann!

Oxydation

Als weitverbreiteter Stoff verbindet sich Sauerstoff mittels seiner zwei freien Wertigkeiten auf der äußeren Elektronenhülle gern mit anderen Elementen, der Vorgang heißt *Oxydation*:

$$2\,Pb + O_2 = 2\,PbO \quad (\textit{Bleioxid})$$
$$2\,C + O_2 = 2\,CO \quad (\textit{Kohlenmonoxid})$$
$$2\,C + 2\,O_2 = 2\,CO_2 \quad (\textit{Kohlendioxid})$$

> *Die Verbindung eines Elementes mit Sauerstoff nennt man Oxydation, die dabei entstehenden Stoffe Oxide.*

Man spricht ebenfalls von einer Oxydation, wenn nicht Sauerstoff zugeführt, sondern *Wasserstoff weggenommen* wird. Eine Oxydation wäre also auch die Gleichung Methanol weniger Wasserstoff = Formaldehyd

$$CH_3OH - H_2 = CHOH$$

Auch die Änderung der Wertigkeit spielt im Oxydationsbegriff eine Rolle. Nimmt man Wasserstoff aus einer Verbindung weg, so entstehen freie Stellen in der äußeren Schale. Es können nun mehr Elektronen aufgenommen werden; die Verbindung ist höherwertig geworden. *Eine Oxydation liegt auch vor, wenn eine Verbindung* – mit oder ohne Sauerstoff – *in eine höhere Wertigkeitsstufe übergegangen ist.*

Die Verbindung eines Elementes mit Sauerstoff, also eine Oxydation, kann ohne spürbare Reaktionen ablaufen. In den meisten Fällen aber kommt es dabei zu Wärme- und Lichterscheinungen, was als *Verbrennung* bezeichnet wird. Bei Gasen, wie sie oft im Augenblick des Erhitzens auch aus festen Körpern entstehen (Holz, Kohle), läuft die Verbrennung in einer *Flamme* ab. Plötzlich verlaufende Verbrennungen nennt man *Explosionen.*

Oxydationen gehören zu den häufigsten chemischen Prozessen. Alle *Feuer* und die *Atmung* (s. S. 92) sowie zahllose technische Abläufe sind oxydative Vorgänge.

Dioxide

Ein Element kann durch Oxydation mehrere Sauerstoffatome zu einer Verbindung vereinen. Enthält sie zwei O-Atome an das Grundelement gebunden, so spricht man von einem Dioxid, zum Beispiel

$C + O_2 = CO_2$ Kohlendioxid (Abb. 9),

$S + O_2 = SO_2$ Schwefeldioxid.

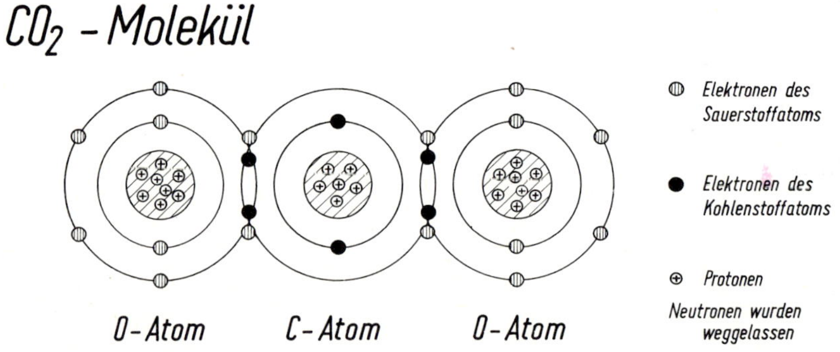

Abb. 9. Modell eines Dioxides (Kohlendioxid).

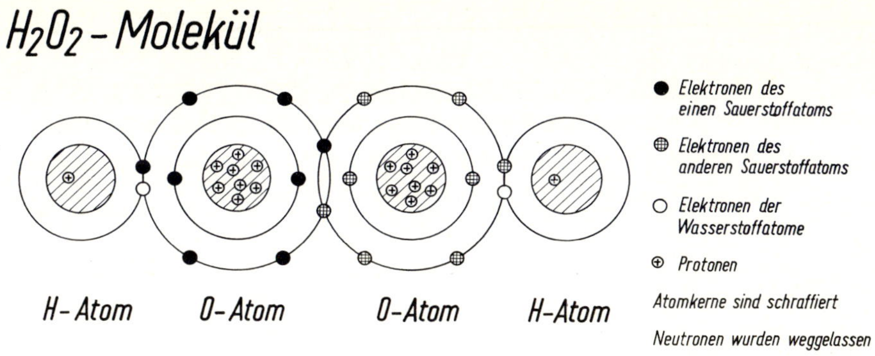

Abb. 10. Modell eines Peroxides (Wasserstoffsuperoxid).
Erklärung: Durch Bildung gemeinsamer Elektronenpaare haben sich die Atome so zu einem Molekül zusammengefügt, daß von jedem Atom her gesehen eine vollständige äußere Elektronenschale zustande kommt. Es wird daran erinnert, daß die innere Schale mit zwei, die nächste mit acht Elektronen ihre maximale Füllung erreicht.

Peroxide

Enthält eine Verbindung zwar zwei Sauerstoffatome, diese aber nicht durch den Grundstoff getrennt, sondern *untereinander* verbunden, so spricht man von einem *Peroxid*, zum Beispiel

$H_2 + O_2 = H_2O_2$ Wasserstoffperoxid (Abb. 10)
(auch Wasserstoff*super*oxid genannt).

Peroxide geben leicht Sauerstoff ab und werden deshalb als Bleich- und Desinfektionsmittel verwendet. H_2O_2 in konzentrierter Form zerfällt leicht unter Explosion, wobei andere Stoffe durch den freiwerdenden Sauerstoff oxydiert werden. In Lösungen zu 3% wird *Wasserstoffsuperoxid* unter anderem in der Medizin als Desinfektionsmittel benützt.

Wasserstoffsuperoxid bleicht zwar Blutflecken aus Bettüchern weg, dafür leidet aber das Gewebe!

Reduktion

Entsprechend den Vorgängen bei der Oxydation bezeichnen wir das Gegenteil davon, also das *Wegnehmen von Sauerstoff*, als Reduktion. Eine andere Möglichkeit ist die *Zufuhr von Wasserstoff* oder, ganz allgemein gesagt, das Überführen in eine niedrigere Wertigkeitsstufe, da die zugeführten H-Atome freie Stellen in der äußeren Elektronenhülle des reduzierten Stoffes blockieren und nun nicht mehr so viel Anlagerungsmöglichkeiten für andere Atome bleiben.

Reduktion ist Zufuhr von Wasserstoff, Wegnahme von Sauerstoff oder Übergang in eine niedrigere Wertigkeit.

Beispiel: Braunstein und Wasserstoff ergibt Manganoxid und Wasser; dabei wird das Mangan reduziert. H_2 ist hierbei das Reduktionsmittel.

$$MnO_2 + H_2 = MnO + H_2O$$

Das stärkste *Reduktionsmittel* ist der Minuspol eines elektrischen Gleichstromes (*Kathode*), weil dort Elektronen angehäuft sind, welche abgegeben werden und freie Valenzen in den Elektronenschalen besetzen können. Das stärkste Oxydationsmittel ist umgekehrt der Pluspol (*Anode*), da dort Elektronen angezogen werden und deshalb freie Plätze in den Außenschalen von nahegelegenen Atomen entstehen. Natürlich sind darüber hinaus alle Stoffe, welche Wasserstoff abgeben oder Sauerstoff aufnehmen, Reduktionsmittel.

Wasser (Formel H_2O)

Geht man von dem eben Gesagten aus, so kann man Wasser als oxydierten Wasserstoff oder reduzierten Sauerstoff betrachten.

Wasser gehört zu den am meisten verbreiteten Verbindungen auf der Welt. Seine Eigenschaften dienen als Grundlage zur Temperaturmessung, und es stellt den Ausgangspunkt zur Bestimmung des spezifischen Gewichtes dar. Ein hoher Prozentsatz des menschlichen Körpers (60 bis 70%) besteht aus Wasser, und die meisten chemischen Reaktionen spielen sich in wässeriger Lösung oder unter Beteiligung von Wasser ab.

In der Natur kommt Wasser praktisch nie chemisch rein vor. Es ist deshalb notwendig, die verschiedenen Arten von Wasser kurz zu betrachten.

Trinkwasser

Sauberes, hygienisch einwandfreies Wasser für Genußzwecke. Es ist frei von schädlichen Keimen, aber nicht steril. Je nach geographischer Lage enthält das Trinkwasser mehr oder weniger Calciumsalze, meist Calcium- oder Magnesiumbikarbonat. Diese Beimengungen sind für die *Härte* des Wassers verantwortlich. Die Bezeichnung rührt her vom Verhalten des Wassers gegen Seife. Bei weichem Wasser (z.B. Regenwasser) wird die Haut durch das sich lösende fettsaure Kalium oder Natrium schlüpfrig. Bei hartem Wasser jedoch bilden sich unlösliche fettsaure Calcium- oder Magnesiumsalze; die Haut bleibt rauh. Neben dieser *Karbonathärte* gibt es noch die *bleibende* oder *Nichtkarbonathärte* durch Sulfat-, Chlorid-, Nitrat- und Silikatverbindungen von Calcium und Magnesium.

Regenwasser

Mineralstoffarmes, relativ reines, aber nicht keimfreies Wasser. Je nach Umgebung (Großstadt!) können auch größere Mengen Staubteilchen oder gelöste Gase wie Ammoniak oder schweflige Säure enthalten sein.

Meerwasser

Außer Ostsee (weniger) und Totem Meer (mehr) beträgt der Salzgehalt um 3,5%, darunter vor allem ca. 2,7% NaCl, 0,38% $MgCl_2$ und Verbindungen von Kalium, Calcium, Strontium sowie Sulfat- und Bikarbonationen. Außer dem Magnesiumgehalt ähnelt das Konzentrationsverhältnis dem des Blutserums, was zu Überlegungen über den Zusammenhang von tierischen Körperflüssigkeiten und dem Urmeer Anlaß gegeben hat.

Destilliertes Wasser (Aqua destillata)

In der Medizin, besonders im Labor und für die Rezeptur in Apotheken, wird Wasser ohne Beimengungen benötigt. Zu diesem Zweck wird es destilliert.

Trinkwasser wird erhitzt; der entstehende Wasserdampf schlägt sich in einem besonderen Gerät an den kühlen Glaswandungen in Form von Tropfen nieder und wird in einem Behälter aufgefangen.

Aqua destillata ist farb-, geruch- und geschmacklos, klar und chemisch nahezu rein (auf 100 ml höchstens 1 mg Rückstand).

Im Gegensatz zu den Körperflüssigkeiten sind im Aqua destillata keine weiteren Stoffe gelöst. Aufgrund physikalischer Gesetze (Osmose) ziehen deshalb die Körperzellen destilliertes Wasser an sich, wenn sie mit ihm in Kontakt kommen, und können dadurch schwer geschädigt werden. Aqua destillata darf deshalb nie auf Schleimhäute (Nase, Augen) gebracht, in reiner Form injiziert oder in größeren Mengen getrunken werden.

Injektionswasser (Aqua ad injectionem)

Durch doppelte Destillation (Aqua bidestillata) unter möglichst aseptischen Bedingungen und anschließender Sterilisation gewonnenes

Wasser für Injektionszwecke, muß bestimmten Anforderungen an Sterilität und Freiheit von fiebererregenden Substanzen (pyrogenfrei) genügen, darf keine Konservierungsmittel enthalten und ist keimdicht verschlossen aufzubewahren (in kleineren Mengen meist in verschlossenen Ampullen vorrätig).

Entmineralisiertes Wasser (Aqua demineralisata)

Aus Trinkwasser mittels Ionenaustauscher gewonnenes entmineralisiertes Wasser, entspricht in seiner Reinheit nicht ganz dem destillierten Wasser, kann außer zu Injektionslösungen wie destilliertes Wasser verwendet werden. Wie Trinkwasser auch, ist es nicht steril und kann Bakterien und Pyrogene enthalten.

Stickstoff (Symbol N)

Das farb- und geruchlose Gas N_2 kommt als wesentlicher Bestandteil der Luft vor, es ist nicht brennbar. Darüber hinaus ist Stickstoff vor allem im Salpeter und in den Eiweißstoffen in gebundener Form vorhanden. Dieses Vorkommen als Baustein des Eiweißes macht Stickstoff zu einer biologisch außerordentlich wichtigen Substanz, da ohne Eiweiß kein Leben möglich ist.

Der Kreislauf des Stickstoffs in der Natur

Im Gegensatz zu anderen lebenswichtigen Elementen, wie Sauerstoff oder Kohlenstoff, liegt die Hauptmenge des Stickstoffes nicht in Form von Verbindungen vor, sondern zu 99% als molekularer Stickstoff N_2 in der Luft. Der Mensch kann aber den für ihn so wichtigen Stickstoff aus der Luft nicht verwerten und ist deshalb auf die Mitwirkung von Bakterien angewiesen, welche diese Fähigkeit besitzen. Auch Tiere und Pflanzen beziehen ihren Stickstoff über solche Bakterien, wie sie als *Knöllchenbakterien* an den Wurzeln von Klee, Lupinie usw. vorkommen. Um einer vorzeitigen Ausnützung des Bodens an Stickstoff vorzubeugen, muß deshalb auf Feldern alle paar Jahre Klee o.ä. angebaut werden, oder man greift zu stickstoffhaltigen *Düngemitteln*, wie sie die Industrie liefert. Dadurch wird die enorme Bedeutung der Düngemittelproduktion offensichtlich, denn landwirtschaftliche Erträge können durch sie vervielfacht werden. Natürlicher Dünger ist der in Chile vorkommende Salpeter, künstlicher Dünger wird aus Metallsalzen der Salpetersäure HNO_3 hergestellt und liegt vor als *Nitrat* $-NO_3$, zum Beispiel Natriumnitrat $NaNO_3$ oder Kalisalpeter KNO_3.

Der von den Bakterien verarbeitete und von den Pflanzen aufgenommene Stickstoff gelangt nun über pflanzliche Nahrung oder auf dem Umweg über tierisches Fleisch in den Organismus des Menschen, wo körpereigenes Eiweiß aufgebaut wird. Durch die menschlichen Ausscheidungen (Dung!) oder in Form verwester Tiere oder Pflanzen wird Eiweiß bzw. Stickstoff wieder dem Boden zugeführt und abermals durch Bakterien zu Nitriten und Nitraten oxydiert, worauf er entweder wieder als Aufbaustoff zur Verfügung steht oder abermals durch Bakterien verarbeitet und zu elementarem Stickstoff reduziert wird. Dieser wird an die Luft abgegeben, wodurch sich der Stickstoffkreislauf schließt.

Bei der Eiweißverwesung entsteht ein stechend riechendes Gas, der *Ammoniak*, NH_3, der auch in der Düngemittelproduktion als künstlich hergestellter Stoff eine Rolle spielt.

Luft

Die atmosphärische Luft enthält neben gut 20% O_2 und knapp 80% N_2 noch geringere Beimengungen von *Kohlendioxid* CO_2 (0,03%) und den *Edelgasen* Helium, Argon (0,9%), Neon und Krypton. Das oft als besonders gesund gerühmte *Ozon* ist hauptsächlich in den oberen Luftschichten enthalten, *giftig* und entsteht bei elektrischen Entladungen durch Zusammenschluß *dreier* Sauerstoffatome zu O_3.

Luft bei Einatmung — Luft bei Ausatmung

Halogene

Halogen heißt Salzbildner. Die dazu gehörenden Elemente *Chlor*, *Brom*, *Jod* und *Fluor* sind so reaktionsfreudig, daß sie in der Natur nur in Verbindungen gefunden werden, von denen das *Kochsalz* die bekannteste ist.

Kochsalz (NaCl, Natriumchlorid) hat neben seiner Bedeutung als *Speisesalz* eine wichtige Aufgabe im menschlichen Organismus zu erfüllen. Die im Blut gelöste Menge NaCl wird streng konstant gehalten, so daß bei Kochsalzzufuhr entweder auch Wasser vermehrt benötigt wird (= Regulierung des Wasserhaushaltes!) oder rasch NaCl ausgeschieden werden muß (= Einfluß auf die Diurese). Man kann einem Organismus also nicht einfach Wasser infundieren, wenn die Flüssigkeitsmenge rasch ergänzt werden soll, sondern muß eine 0,9 %ige NaCl-Lösung (*physiologische Kochsalzlösung*) oder eine ähnliche Lösung verwenden, die dem Elektrolytgehalt des Blutes entspricht (isotone Lösung).

Von den weiteren Halogenverbindungen ist die Vereinigung zweier extrem reaktionsfreudiger Elemente, die schon bei Lichteinwirkung explosionsartig abläuft, wichtig: Wasserstoff und Chlor.

$$H_2 + Cl_2 = 2\,HCl \text{ (Chlorwasserstoff)}$$

Chlorwasserstoff löst sich begierig in Wasser zu *Salzsäure* (474 l in 1 l Wasser). Die Wasseranziehung ist so stark, daß konzentrierter Chlorwasserstoff mit dem Wasserdampf der Luft Nebel bildet. Obwohl strenggenommen die Salzsäure die Lösung von HCl in Wasser ist, bezeichnet man sie ebenso wie den Chlorwasserstoff mit der Formel HCl. Salzsäure gehört nicht nur in Industrie und Labor zu den wichtigsten Säuren, sondern spielt auch als *Magensäure* eine wichtige Rolle bei der Verdauung.

Vom *Brom* ist bemerkenswert, daß Bromsalze eine beruhigende Wirkung ausüben können, wenn sie in geeigneter Form als Medikamente vorliegen. Andererseits sind *allergische* Reaktionen nicht selten, Hauterkrankungen möglich, und Brom*dämpfe* sind *giftig*.

Jod kommt wie Brom und Chlor als Salz im Meerwasser vor; Tang ist besonders jodhaltig (Einwirkung auf das Organ des Jodstoffwechsels im Körper, die Schilddrüse). Eine Lösung von 7 % Jod und 3 % Jodkalium KJ in Alkohol ist die *Jodtinktur*, die ein Desinfektionsmittel ist. Wegen möglicher Allergien und Einwirkungen auf die Schilddrüse wird heute weitgehend auf eine Jodanwendung verzichtet.

Die Silbersalze der Halogene, also Silberchlorid AgCl, -bromid AgBr und -jodid AgJ, sind *lichtempfindlich* und bilden, in Gelatine gebettet, die Emulsion von Filmen. Über die Entwicklung s. S. 120.

Jod gibt mit Stärke charakteristische Reaktionen; am wichtigsten ist der *Stärkenachweis* mit Jodlösung, wobei noch in starker Verdünnung eine *tiefblaue* Farbe entsteht. Für diagnostische Zwecke in der Klinik ist Jod in der Lugolschen Lösung wichtig (10 g Jod, 20 g Jodkali KJ, aufgefüllt auf 150 g Wasser). Ein anderes Jodpräparat ist das *Jodoform* CHJ_3, ein gelbes Pulver, das als Desinfektionsmittel Verwendung findet.

Fluor soll hier nur in seiner Bedeutung zum Aufbau der Zähne erwähnt werden. Der Nutzeffekt fluorhaltiger Zahnpasten ist zumindest bei Erwachsenen umstritten, während die *Fluorisierung des Trinkwassers* zur Vermeidung von Karies unter bestimmten Bedingungen mit Erfolg durchgeführt wird. Zur Verwendung kommen bestimmte Fluorsalze.

Weitere Nichtmetalle

Bor (Symbol B)

Eine der zahlreichen Verbindungen dieses Elementes ist die antiseptisch wirkende *Borsäure* H_3BO_3. Sie wurde früher in 3%iger Konzentration als *Borwasser* und *Borsalbe* in der Medizin zur äußerlichen Applikation viel verwendet. Wegen der relativen Giftigkeit sollte sie nicht mehr angewandt werden (bereits weniger als ein halber Liter Borwasser kann, wenn er resorbiert wird, tödlich wirken).

Kohlenstoff (Symbol C)

Besprechung b. d. organ. Chemie

Es ist sicher nicht zu viel behauptet, wenn man den Kohlenstoff als die Basis alles Lebendigen bezeichnet. In einer Vielfalt von Erscheinungsformen begegnet er uns nicht nur im Gestein, sondern als Grundsubstanz aller pflanzlichen und tierischen Stoffe sowie als Bestandteil der Atmosphäre.

Reiner Kohlenstoff

Infolge ihrer Wertigkeit IV besitzen die C-Atome in ihrer äußeren Elektronenschale genau die Hälfte der zur Sättigung nötigen Elektronen und neigen daher ebenso zum Auffüllen wie zum Entleeren dieser Schale. Diese relative Indifferenz führt zu Besonderheiten im Aufbau der Substanz. Während sich bekanntlich Elemente wie Sauerstoff oder Stickstoff zu Molekülen in der Konfiguration O_2 bzw. N_2 zusammenschließen, liegt Kohlenstoff als ein vielatomiges, gitter- oder schwammartiges System von Atomen vor. Je nach Lage der Atome in diesen *Kristallgittern* entstehen äußerlich völlig verschiedene Stoffe, die jedoch alle aus *reinem Kohlenstoff* bestehen:

> Kohle – Graphit – Diamant – Ruß bestehen aus Kohlenstoff und unterscheiden sich nur durch die Anordnung der einzelnen C-Atome.

Beim Erhitzen von Holz unter Luftabschluß kann keine Oxydation (= Verbrennung zu CO_2) erfolgen; es entsteht *Holzkohle*. Dabei erhält man ein feinstmaschiges Gerüst von Kohlenstoff, an dem durch Kapillarkräfte andere Stoffe festgehalten werden. Diese *Adsorption* ermöglicht es, solche Kohle („Tierkohle") in der Medizin zum Aufsaugen von Giftstoffen zu verwenden, zum Beispiel bei Vergiftungen durch Nahrungsmittel oder Tabletten. Andere Namen für diese Substanz sind *aktive Kohle* oder Carbo medicinalis.

Kohlenstoffverbindungen

1. Kohlendioxid CO_2

CO_2 entsteht bei der vollständigen Verbrennung von Kohlenstoff und ist außerdem zu 0,03% in der Atmosphäre enthalten. Hauptquelle sind tätige und erloschene Vulkane (CO_2-Fumarolen in der Eifel und auf der Schwäbischen Alb). Außerdem erzeugen Atmung, Gärung, Verwesung (Bakterien) und Technik Kohlendioxid. CO_2 ist ein farb- und geruchloses Gas, das die Verbrennung nicht unterhält. Im Handel ist CO_2 als Flüssigkeit unter hohem Druck in grau gestrichenen Stahlflaschen.

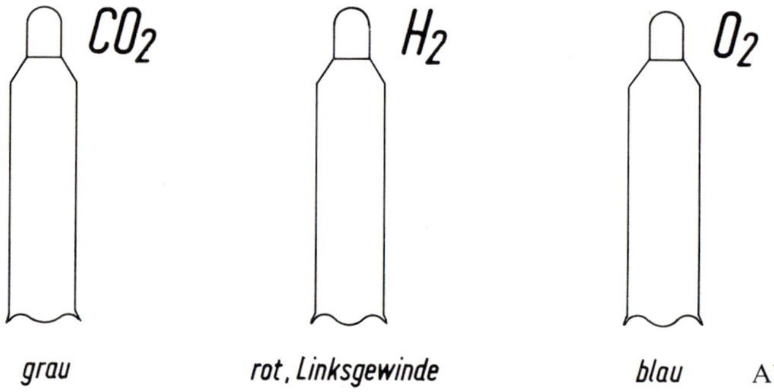

Abb.11.

Öffnet man eine CO_2-Bombe ohne Reduzierventil (Vorsicht!), so strömt unter hohem Druck flüssiges Kohlendioxid aus, das teilweise verdunstet und den Rest bis zum Festwerden abkühlt: *Kohlensäureschnee*. Quecksilber erstarrt und Blei wird klingend hart, wenn man es in den ungefähr $-80°$ kalten CO_2-Schnee taucht.

Die Treibwirkung des komprimierten Kohlendioxides und seine erstickende Wirkung auf Feuer machen es zum häufigen Inhalt von *Feuerlöschern*.

In der Medizin erlangt CO_2 eine wichtige Bedeutung als Reizstoff des Atemzentrums. Erhöhter CO_2-Gehalt des Blutes führt zu vertiefter Atmung, wodurch dann vermehrt CO_2 abgeatmet wird. In gelöster Form spielt es eine Rolle im Säurehaushalt des Organismus; s. Kohlensäure.

2. Kohlensäure H_2CO_3

Löst man Kohlendioxid in Wasser, so entsteht die schwache Säure H_2CO_3:

$$H_2O + CO_2 = H_2CO_3$$

Oft wird bereits das Kohlendioxid CO_2 als „Kohlensäure" bezeichnet, was streng genommen unrichtig ist.

Die Löslichkeit von CO_2 in Wasser ist von Druck und Temperatur abhängig; so löst sich unter Druck wesentlich mehr Kohlendioxid, das bei Nachlassen des Druckes wieder aus dem Wasser abperlt (Sprudelflasche!). Diese Löslichkeit von CO_2 spielt bei der Regelung des *Säurehaushaltes des Körpers* eine wichtige Rolle, da bei vermehrtem Anfall saurer Stoffwechselprodukte durch *Abatmen* von CO_2 auf einfache Weise Säure entfernt werden kann. Die *Salze* der Kohlensäure (über Salzbildung s. S. 61) heißen *Carbonate,* zum Beispiel

Na_2CO_3	Natriumcarbonat	*Soda*
K_2CO_3	Kaliumcarbonat	*Pottasche*
$CaCO_3$	Calciumcarbonat	*Kalk.*

3. Kohlenmonoxid CO

Bei unvollständiger Oxydation von Kohlenstoff (großer Kohlenstoffüberschuß oder Mangel an Sauerstoff) bildet sich Kohlenmonoxid. Dies kann zufällig bei schlecht ziehenden Öfen oder ähnlichem der Fall sein, wird aber auch technisch herbeigeführt zur Erzeugung eines brennbaren Gases (*Gaswerk*). Auch in Auspuffgasen von Motoren findet sich ein hoher Prozentsatz von CO.

Infolge zweier noch freier Wertigkeiten reagiert Kohlenmonoxid sehr leicht mit Sauerstoff zu CO_2:

$$2CO + O_2 = 2CO_2$$

Leuchtgas, Auspuffgase und schlecht ziehende Öfen führen durch Vorhandensein von CO häufig zu *Vergiftungen.* Geringe Mengen von 0,1 bis 2% in der Luft führen bereits zu Kopfschmerzen, Übelkeit, Schwindelgefühl und schließlich nach längerer Einwirkung zur Bewußtlosigkeit und Tod. Ursache ist eine rasche und *feste* Bindung an den Sauerstoffträger des Blutes, das Hämoglobin. Erste Maßnahme muß das Entfernen des Vergifteten aus dem CO-Milieu sein.

4. Kohlenstoffverbindungen mit Metallen und Nichtmetallen

Metallverbindungen des Kohlenstoffes, beispielsweise CaC_2, *Carbid*, oder Al_4C_3, Aluminiumcarbid, haben hauptsächlich in der Technik Bedeutung. Von den Nichtmetallverbindungen ist erwähnenswert der Tetrachlorkohlenstoff CCl_4, der als Lösungsmittel für Fette dient und ab und zu Anlaß für Vergiftungen ist. Ausgesprochen giftig ist die *Blausäure*, HCN, mit ihren Salzen, zum Beispiel dem *Kaliumcyanid*, KCN („Cyankali"). Es kommt dabei zu einer Blockierung der „inneren Atmung", des Sauerstoffaustausches im Gewebe, und damit zu Erstickungssymptomen. Da der Tod bei hoher Konzentration sehr rasch eintritt, kommt die gasförmige Blausäure bei Hinrichtungen in der Gaskammer zur Anwendung.

5. Verbindungen des Kohlenstoffs mit Wasserstoff

Die sehr zahlreichen und wichtigen Verbindungen dieser Gruppe, die *Kohlenwasserstoffe*, werden bei den chemischen Verbindungen der organischen Chemie (S. 67) besprochen.

Schwefel (Symbol S)

Neben Lagern von reinem Schwefel in der Nähe großer Vulkane findet sich das Element in zahlreichen Erzen, wie Schwefelkies, Fe_2S, oder Bleiglanz, PbS. Auch viele organische Stoffe wie Eiweiß enthalten Schwefel. Da Kohle nichts anderes ist als die Ablagerung organischer Substanzen aus der Vorzeit, ist in ihr ebenfalls ein Anteil Schwefel enthalten. Im menschlichen Körper ist Schwefel ein wichtiger Baustein zahlreicher Aminosäuren (s. organische Chemie, S. 95).

Bei der Verbrennung von Schwefel – also auch in gewisser Menge bei der Verbrennung von Kohle – entsteht das Gas SO_2, *Schwefeldioxid*, das sich begierig in Wasser zur *schwefligen Säure* H_2SO_3 löst:

$$S + O_2 = SO_2, \quad SO_2 + H_2O = H_2SO_3$$

Die bei der Kohleverbrennung entstehenden SO_2-Gase sind nicht nur durch ihre Reizwirkung auf die Atmungsorgane unangenehm. Da sie schon mit dem Wasserdampf der Luft H_2SO_3 bilden, greifen sie Pflanzenwuchs und Metalle, ja sogar Bauwerke an. Daraus erklärt sich auch der Begriff des sogenannten sauren Regens. Die *Entgiftung* der Luft in Industriegebieten ist deshalb auch ein Umweltproblem. In der Gegend des Münchener Hauptbahnhofs betrug beispielsweise im Juni 1967 der Auswurf von SO_2 1380 kg stündlich.

Andererseits wird Schwefeldioxid zur Insektenvertilgung und Fäulnisverhütung verwendet („Ausschwefeln" von Fässern oder Wespennestern). Infolge seiner Neigung, mit Sauerstoff zu SO_3 zu reagieren, ist Schwefeldioxid ein starkes Reduktionsmittel und wird zum *Bleichen* verwendet.

Bei Überschuß von Sauerstoff entsteht aus Schwefel oder Schwefeldioxid das Gas *Schwefeltrioxid* SO_3, das mit Wasser die *Schwefelsäure* H_2SO_4 bildet:

$$2SO_2 + O_2 = 2SO_3$$

$$SO_3 + H_2O = H_2SO_4 + \text{Wärmeentwicklung}$$

Schwefelsäure ist aus Labors und chemischen Fabriken nicht mehr wegzudenken, da sie für eine Unzahl von Verfahren und Reaktionen benötigt wird. Düngemittel, Zelluloid, Farbstoffe, Medikamente und vieles mehr wird unter Verwendung von H_2SO_4 hergestellt.

Die Salze der Schwefelsäure heißen *Sulfate*, zum Beispiel $CuSO_4$, Kupfersulfat oder Kupfervitriol, das unter anderem zum Spritzen von Weinstöcken benützt wird.

Bei Fäulnis entsteht aus Eiweiß *Schwefelwasserstoff* H_2S, dessen unangenehmer Geruch von faulen Eiern bekannt ist. Das Gas ist giftig und verbrennt mit Luft zu Schwefeldioxid:

$$2H_2S + 3O_2 = 2H_2O + 2SO_2$$

Von den zahlreichen anderen Schwefelverbindungen ist noch das Natriumthiosulfat $Na_2S_2O_3$ erwähnenswert, das als Fixiersalz in der Photographie Verwendung findet.

Phosphor (Symbol P)

Wegen seiner großen Reaktionsfreudigkeit kommt Phosphor in der Natur nicht rein vor. Stellt man ihn dar, dann ist er eine weiche, weiße, giftige Substanz, die sich langsam rot färbt und in den ungiftigen *roten Phorsphor* übergeht. *Weißer Phosphor* muß unter Wasser aufbewahrt werden, da er äußerst leicht mit Luft unter Abgabe von Licht und Wärme zu Phosphoroxiden reagiert. Früher wurde er in der Zündholzindustrie verwendet, dann aber wegen der Giftigkeit verboten.

Auf der Haut gibt weißer Phosphor schwerste, schlecht heilende *Verbrennungen* (Phosphorbomben!). Zu Vergiftungen können schon kleinste Mengen bei langdauernder Einwirkung führen (Phosphorindustrie).

Bei der lebhaften Oxydation des Phosphors entstehen verschiedene Oxide, hauptsächlich P_2O_5, Phosphorpentoxid, die in Wasser gelöst Säuren ergeben. Die wichtigste davon ist die *Orthophosphorsäure* H_3PO_4. Wie unter Salzbildung auf Seite 61 beschrieben wird, bilden Säuren bestimmte Verbindungen mit Laugen. Diese Salze heißen bei der Phosphorsäure *Phosphate*. Je nach Austausch eines Wasserstoffatoms durch beispielsweise Natrium oder Calcium entstehen unterschiedliche Phosphate, die nach ihrem Gehalt an Wasserstoff (Hydrogenium) benannt werden.

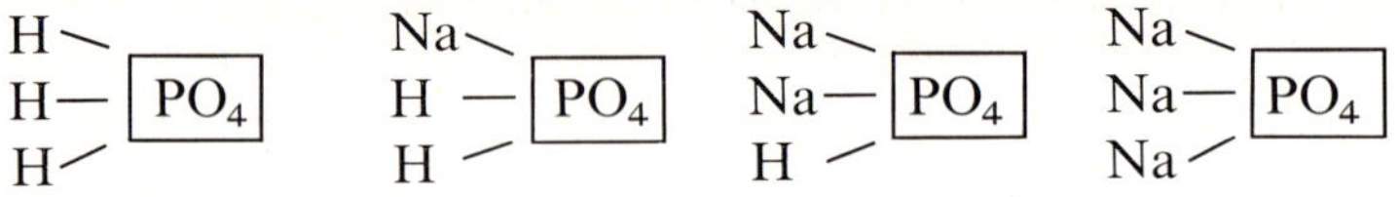

H_3PO_4	NaH_2PO_4	Na_2HPO_4	Na_3PO_4
Phosphorsäure	Dihydrogen-phosphat	Hydrogen-phosphat	Phosphat

Phosphorsalze des Natriums

Phosphor ist ein häufiger Bestandteil organischer Substanzen und dient zum *Knochenaufbau*, da die Hälfte der Knochensubstanz aus Calciumphosphat $Ca_3(PO_4)_2$ besteht. Auch im Blut ist Phosphat enthalten, das bei bestimmten Erkrankungen vermehrt durch die Niere ausgeschieden wird. Das im Blut als Elektrolyt gelöst vorliegende anorganische Phosphat wird als „austauschbar" bezeichnet im Gegensatz zu dem nicht austauschbaren Phosphat der Knochensubstanz. Aus dem Phosphatbedarf des Organismus wird verständlich, daß diese Verbindungen ein wichtiges *Düngemittel* darstellen und dafür in großer Menge hergestellt werden.

Metalle

Leichtmetalle: Alkalimetalle

Wie bereits auf Seite 25 erwähnt wurde, können die Alkalimetalle wegen ihrer engen chemischen Verwandtschaft und nahezu gleichen Eigenschaften gemeinsam besprochen werden. Es handelt sich dabei im Wesentlichen um die Elemente

Natrium und Kalium (Symbol Na, K)

Die beiden Elemente kommen wegen ihrer ausgeprägten Reaktionsfreudigkeit praktisch nur in *Verbindungen* vor, wobei wegen der jeweiligen Einwertigkeit besonders häufig Halogene die Partner darstellen.

Die biologische Bedeutung der Natrium- und Kaliumsalze liegt in ihrer Beteiligung an der Wasserregulation der Gewebe und der elektrischen Leit- und Erregungsfähigkeit der Zellen. Über die Regelung des Wasserhaushaltes durch NaCl wurde bereits berichtet.

Im menschlichen Körper kommt Kalium hauptsächlich in den Zellen, Natrium dagegen in den Körperflüssigkeiten vor.

Der Konzentrationsunterschied zwischen diesen Elementen erzeugt im wässerigen Milieu der Zelle und des extrazellulären Raumes elektrische Ströme ähnlich wie in einer *Batterie*, wodurch die für die Muskelerregung und Nervenleitung nötigen elektrischen Potentiale gebildet werden.

Eine *Herzmuskelzelle* ist durch ihren Gehalt an Kaliumchlorid KCl und Phosphat auf 90 Millivolt (mV) aufgeladen. Durch plötzliches Einströmen von Natrium entstehen Spannungsveränderungen, die Muskelzuckungen und, insgesamt gesehen, die Kontraktion des Herzens verursachen. Danach wird durch bestimmte Transportmechanismen die Zelle wieder mit Kaliumsalzen aufgeladen. Das alles spielt sich durchschnittlich 70mal pro Minute ab. Im Elektrokardiogramm (EKG) können diese Spannungsveränderungen aufgezeichnet werden.

Alkalilaugen

An der Luft verbrennt Natrium oder Kalium unter heftiger Reaktion zu seinem Oxid, beispielsweise Na_2O oder K_2O. Häufiger noch entstehen Peroxide wie Na_2O_2. Diese Oxide lösen sich in Wasser zu Hydroxiden.

Hydroxide sind Verbindungen mit der Gruppe -OH; der Name leitet sich her aus den Bezeichnungen *Oxid* plus *Hydro*genium, Wasserstoff.

Das wichtigste Hydroxid der Alkalimetalle ist die *Natronlauge*, NaOH, auch Ätznatron genannt. Strenggenommen wäre unter der Formel NaOH nur das weiße Pulver Ätznatron zu verstehen. Im chemischen Sprachgebrauch wird aber unter NaOH auch die Lösung dieses Pulvers in Wasser, die Natronlauge, verstanden. NaOH ist eine der wichtigsten *Laugen* (über Säuren und Laugen s. auch Seite 58) und wird in Labor und Industrie viel verwendet. Da organische Stoffe wie Stärke oder Eiweiß in schleimige Zersetzungsprodukte übergeführt werden, hat versehentliches Trinken von Natronlauge schwerste Schleimhautschäden zur Folge, die oft zu irreparablen Verletzungen führen. Auf der Haut macht sich sofort ein glitschiges Gefühl bemerkbar.

In der Technik werden die Alkalilaugen zu Waschmitteln und Seifen verwendet, besonders zur Herstellung von Schmierseifen.

Alkalicarbonate

Alkalilaugen mit Kohlensäure H_2CO_3 ergeben *Carbonate*, wie

Na_2CO_3 Natriumcarbonat, Soda, kohlensaures Natron;

K_2CO_3 Kaliumcarbonat, Pottasche.

Alkalicarbonate werden zu Waschmitteln, zur Glasherstellung und in vielen weiteren Industriezweigen verwendet.

Enthält ein Carbonatmolekül noch ein Atom Wasserstoff, so spricht man von einem *Bicarbonat*. Am wichtigsten ist dabei das *$NaHCO_3$*, Natriumbicarbonat, auch Natriumhydrogencarbonat oder doppeltkohlensaures Natron genannt.

Neben seiner Verwendung als *Brause-* oder *Backpulver* hat das $NaHCO_3$ eine außerordentlich wichtige Bedeutung in der Steuerung des Säurehaushaltes des Blutes. Bereits schwache Säuren setzen aus dem Natriumbicarbonat CO_2 frei, das abgeatmet werden kann und damit zu einer Verminderung der sauren Valenzen im Blut führt. Als Säurepuffer wird daher das Natriumbicarbonat dringend benötigt; es stellt im wesentlichen die *Alkalireserve* des Blutes dar.

In seiner Verwendung als Puffer zu reichlicher Magensäure verliert das $NaHCO_3$ an Bedeutung, da es einerseits leicht zu einer nachfolgenden Wiederansäuerung kommt, andererseits das entstehende CO_2 zu unerwünschter Gasansammlung im Magen führt. Die chemische Gleichung lautet dabei

$$NaHCO_3 + HCl = NaCl + H_2CO_3$$

Neben Kochsalz ist Kohlensäure entstanden, die in entsprechendem Milieu zerfällt:

$$H_2CO_3 = CO_2 + H_2O$$

Alkalichloride

Über Kochsalz, NaCl, wurde auf Seite 37 bereits gesprochen; die übrigen Chloride wie Kaliumchlorid, KCl (Sylvin), kommen ebenfalls im Meer oder in den Salzlagern früher von Meer bedeckter Gebiete vor. Neben der Bedeutung als Speisesalz und Industriesalz, für die Düngemittelproduktion und Chlorherstellung wird nochmals an die Regelung des Wasserhaushaltes im Körper durch NaCl erinnert.

Leichtmetalle: Erdalkalimetalle

Magnesium (Symbol Mg)

Dieses leichteste aller Metalle wird hauptsächlich industriell im Flugzeugbau verwendet. Fein pulverisiertes Magnesium, zusammen mit einem Oxydationsmittel, brennt äußerst leicht und wurde als *Blitzlicht*pulver verwendet. Auch Feuerwerkskörper enthalten oft Magnesium.

Unter den zahlreichen Magnesiumsalzen ist das Magnesiumsilikat als *Asbest* bekannt. Asbest brennt nicht und wird von Säuren oder Laugen nicht angegriffen. Die feinen Fasern des Asbestes können mit der Luft eingeatmet werden und sich in der Lunge ablagern (Asbeststaublunge, Asbestose). Auch in Bauwerken verwendeter Asbest sondert noch Fäserchen ab, die möglicherweise auch die Entstehung von Lungenkrebs fördern können.

Als Bestandteil des Blattgrüns (*Chlorophyll*) spielt Magnesium eine wichtige Rolle beim Aufbau von Pflanzensubstanz (s. S. 91). Im menschlichen Körper sind Magnesiumsalze zu der Aufrechterhaltung des chemischen Gleichgewichtes als Elektrolyte enthalten (über Elektrolyte s. S. 57).

Calcium (auch: Kalzium, Symbol Ca)

Calcium ist ein weit verbreitetes Element, das in Form verschiedener Verbindungen hauptsächlich in der Erdrinde vorkommt. Die wichtigste davon ist das *Calciumkarbonat*, $CaCO_3$, das je nach seiner Kristallisationsform als *Kalkstein*, *Marmor* oder *Kreide* bezeichnet wird.

Gips (Calciumsulfat, $CaSO_4$) kommt in der Natur in Form eines Moleküls vor, das Wasser an sich gebunden hat (sog. Kristallwasser). Dieses Wasser wird beim Erhitzen zum großen Teil abgegeben. Gips, wie er beispielsweise für Gipsverbände verwendet wird, ist ein derartiges erhitztes („gebranntes") Calciumsulfat. Mit Wasser angerührt, erstarrt es unter Wärmeentwicklung.

Im Tierreich findet man Calciumsalze sehr häufig in Schalen oder Krusten, zum Beispiel bei Korallen, Muscheln und in Eierschalen.

Der menschliche Organismus enthält Calcium nicht nur als wichtigen Bestandteil der Knochen in Form von unlöslichen Calciumsalzen, sondern auch im Blut in gelöster Form. Dabei wird der Calciumspiegel genau reguliert; ein Absinken hat Krämpfe (Tetanie) zur Folge. Wichtiges Regulationsorgan sind die Nebenschilddrüsen (Epithelkörperchen, Parathyreoidea).

Krankhafte Ablagerungen von Calciumsalzen findet man bei Arteriosklerose in den Gefäßen und bei bestimmten Formen von Nieren- und Gallensteinen.

Therapeutisch wendet man gelöste Calciumsalze zur Erhöhung des krankhaft erniedrigten Calciumspiegels bei Tetanie an; sie wirken außerdem entzündungshemmend und antiallergisch.

Strontium (Symbol Sr)

Strontium ist, wie aus der Stellung im Periodensystem bereits hervorgeht, dem Calcium sehr ähnlich. Es wird daher, wenn es dem Organismus zur Verfügung steht, wie Calcium angesehen und zum Einbau in die Knochen verwendet. Dies ist verhängnisvoll, wenn nach Kernexplosionen radioaktives Strontium in die Atmosphäre und schließlich in den Körper gelangt, da die Halbwertszeit des radioaktiven Zerfalls 25 Jahre beträgt und dadurch das blutbildende Mark der Röhrenknochen einer dauernden Strahlung unterliegt.

Barium (Symbol Ba)

Bariumsalze stellen ein stark schattengebendes Medium für Röntgenuntersuchungen dar. Alle löslichen Salze sind aber *giftig*, so daß als Röntgenkontrastmittel nur das unlösliche *Bariumsulfat* $BaSO_4$ in Frage kommt. Dieses wird für Aufnahmen des Magendarmkanals in Form eines mit Wasser aufgerührten Pulvers verwendet, welches der Patient einnimmt.

Radium (Symbol Ra)

Radium ist eine natürliche radioaktive Strahlenquelle. Die Strahlung besteht aus Atombestandteilen (Heliumkernen und Elektronen) sowie elektromagnetischen Wellen. Durch die Aussendung dieser Körperchen *zerfällt* Radium innerhalb von mehreren tausend Jahren schließlich zu *Blei*.

Für medizinische Zwecke kann Radium in kleinen Mengen in bösartige Geschwülste eingebracht werden, die dadurch einer dauernden Bestrahlung unterliegen.

Leichtmetalle: Erdmetalle

Aluminium (Symbol Al)

In der Industrie wird Aluminium als sehr leichtes Metall vor allem im Flugzeugbau verwendet. Das Element kommt in zahlreichen Verbindungen der Erdrinde vor, so im Ton, Lehm, Glimmer und anderen.

Aluminiumazetat $Al(CH_3CO_2)_3$ wird in basischer Form als 8%ige Lösung (*essigsaure Tonerde*) zu antiseptischen und mild adstringierenden Zwecken angewandt, mit 5–10 Teilen Wasser verdünnt auch für Umschläge.

Schwermetalle: Eisenmetalle

Eisen (Symbol Fe)

Als Industriemetall ist Eisen ein allgemein bekanntes Element, das in der Erdrinde in Form seiner Verbindungen (hauptsächlich Fe_2O_3 und Fe_3O_4, beides Eisenoxide) vorkommt. Auch der Kern der Erde scheint in großen Mengen Eisen zu enthalten. Industriell wird Eisen aus seinen Verbindungen im *Hochofen* hergestellt.

Der *Hochofenprozeß* besteht im Prinzip aus einer Reduktion von Eisenoxiden mittels Kohlenstoff zu reinem Eisen, wobei unter anderem folgende Reaktionen ablaufen:

$$Fe_3O_4 + CO = 3\,FeO + CO_2$$

$$FeO + C = Fe + CO$$

Stahl wird aus dem brüchigen Roheisen durch Beimengung kleiner Kohlenstoffmengen (0,1–2%) hergestellt, besondere Stahlsorten wie Werkzeug- oder Instrumentenstahl enthalten zusätzlich noch Chrom, Nickel, Wolfram oder Vanadium in kleinen Mengen. Diese Beimengungen verleihen dem Stahl besondere Eigenschaften: Rostfreiheit, Elastizität oder Härte.

Magnetismus ist eine besondere Eigenschaft des Eisens, die beim Erhitzen über 770° verloren geht und beim Abkühlen wieder auftritt. Ursache ist eine Umwandlung im Gittergefüge der Eisenatome. Bei 1530° *schmilzt* Eisen.

Rost entsteht aus Eisen nur bei Anwesenheit von Feuchtigkeit, CO_2 und Sauerstoff. In abgekochtem Wasser (kein Sauerstoff) oder an ganz trockener Luft (keine Feuchtigkeit) rostet Eisen nicht! Chemisch ist Rost wasserhaltiges Eisenoxid, $Fe_2O_3 + H_2O$.

Im Organismus spielt Eisen eine bedeutende Rolle als Bestandteil der roten Blutkörperchen, die den Sauerstoff- und CO_2-Transport besorgen. Während Sauerstoff und Kohlendioxid leicht wieder aus der Transportform abgegeben werden können, verbindet sich Kohlenmonoxid fest mit dem eisenhaltigen roten Blutfarbstoff, dem *Hämoglobin*, zu einem Komplex, der keinen Sauerstoff mehr transportieren kann. Infolge des Sauerstoffmangels im Gewebe kann es dadurch zu der tödlichen *CO-Vergiftung* kommen.

Der menschliche Körper enthält insgesamt ungefähr 3 g Eisen. *Nachweise* für Eisen bestehen meist aus der Verwendung von Blutlaugensalz, $K_4[Fe(CN)_6]$, das noch mit kleinsten Mengen von Eisen einen blauen Niederschlag ergibt. In der Klinik wird für den Nachweis von Hämoglobin (zum Beispiel kleine Blutbeimengungen im Stuhl) unter anderem der Haemoccult®-Test verwendet (s. S. 117).

Kobalt (Symbol Co)

Das Metall entspricht in seinen Eigenschaften weitgehend dem Eisen und seinem Verwandten, dem Nickel. In der Medizin spielt es eine wichtige Rolle als Bestandteil des *Vitamin* B_{12}.

Kupfer (Symbol Cu)

Das bekannte, braunrote Metall wird in Reinform oder als Legierung (= Vermischung, z.B. Kupfer + Zinn = Bronze) zu Haushaltsgeräten verarbeitet und in der Industrie wegen seiner guten elektrischen Leitfähigkeit für Kabel und elektrische Leiter anderer Art verwendet. Es gibt zahlreiche Kupferverbindungen, wie das braune Rotkupfer, Cu_2O, oder den messinggelben Kupferkies, $CuFeS_2$.

Kupfersulfat, $CuSO_4$, oder seine hellblaue Lösung in Wasser, das Kupfervitriol, ist vor allem für Insekten giftig und wird daher als Pflanzenschutzmittel verwendet. Größere Mengen sind auch für den Menschen giftig und verursachen Magen-Darm-Störungen, daher gespritzte Weintrauben vor dem Essen waschen!

Im Labor wird Kupfersulfat in Form der *Fehlingschen Lösung* verwendet. Damit kann Zucker nachgewiesen werden, der als Reduktionsmittel wirkt und $CuSO_4$ in der Wärme zu rotem Cu_2O reduziert. Diese Reaktion ist eine Reduktion, weil das zweiwertige Kupfer im Sulfat zu einwertigem im Oxid übergeführt wird.

Der menschliche Körper enthält geringe Mengen Kupfer, der Normwert im Blutserum liegt bei 70–150 µg/100 ml = 11–23,5 µmol/l.

Quecksilber (Symbol Hg, Hydrargyrum)

Als einziges Metall ist Quecksilber bei Normaltemperatur flüssig, sein Schmelzpunkt liegt bei −39°. Bekannt ist die Verwendung in Thermometern; in Dampfform findet man Quecksilber in den Quarzlampen. Diese „Sonnen“ strahlen ein ultraviolettes Licht aus, das in der Haut die Vitamin-D-Bildung anregt.

Unter den Verbindungen sind die *Amalgame*, Metallverbindungen, wegen ihrer Verwendung als Zahnplomben erwähnenswert. Man nimmt dabei als Partner des Quecksilbers Edelmetalle wie Gold oder Silber.

Sublimat oder Quecksilberchlorid, $HgCl_2$, ist ein starkes Gift. Die stark verdünnte Lösung 1 : 1000 wird in der Heilkunde als desinfizierende Lösung verwendet.

Wie Sublimat und andere lösliche Quecksilberverbindungen – nicht aber die Amalgame – ist verdampftes Quecksilber ein starkes Gift. Man muß alle verschütteten Teilchen (zerbrochenes Thermometer!) sorgfältig einsammeln, da Quecksilber leicht verdampft und dadurch Vergiftungen entstehen können.

Blei (Symbol Pb, Plumbum)

Das weiche, graue Metall wird zu Rohren, Leitungen und Blechen verarbeitet. Akkumulatoren enthalten ebenfalls Blei, das auch Treibstoffen zur Klopffestigkeit beigemischt wird. Schließlich sind im Druckereigewerbe noch häufig Lettern aus Blei in Gebrauch. Während das Metall selbst, das wegen seiner Abschirmfähigkeit auch als Strahlenschutz verwendet wird, ungefährlich ist, sind lösliche *Bleisalze* giftig. Besonders der „Bleizucker", das süßlich schmeckende Bleiacetat, $Pb(CH_3COO)_2$, löst gefährliche Vergiftungen aus.

Viele Bleiverbindungen sind *Farben*, zum Beispiel die Mennige, Pb_3O_4, oder das Chromgelb, $PbCrO_4$.

Schwermetalle: Edelmetalle

Silber (Symbol Ag)

In seiner metallischen Form als Edel- und Schmuckmetall ist Silber allgemein bekannt. Da reines Silber relativ weich ist, wird es meist mit anderen Metallen wie Nickel oder Kupfer zusammen verschmolzen (Legierung).

Die meisten Silbersalze sind *lichtempfindlich*, (s. S. 120).

Silbernitrat $AgNO_3$, Argentum nitricum, Höllenstein, hat ätzende Eigenschaften. In 1–20%iger Lösung (Vorsicht, letztere ätzt sehr stark) wird es gegen Warzen, für Spülungen oder zum Bepinseln von Mandeln verwendet. Werden die touchierten Stellen dem Licht ausgesetzt, so tritt nach einiger Zeit eine Schwärzung auf, die auf Bildung von metallischem Silber beruht.

An Eiweiß gebundenes Silber wirkt adstringierend. Durch Anwendung bei Magenleiden sollen die oberflächlichen Schleimhautschichten in ihrer Struktur so verändert werden, daß eine Schutzschicht entsteht.

Gold (Symbol Au)

Über die Verwendung als Schmuck- und Wertgegenstand braucht hier nichts gesagt werden. Als Edelmetall reagiert es chemisch nur sehr gering und wird daher unter anderem für Zahnprothesen verwendet. Auch dieses Metall wird meist legiert (s. oben); dabei gibt man den Goldgehalt im „Stempel" als Anteil pro 1000 an.

Lösliche Goldsalze, meist mit Schwefel und einem weiteren Partner (Glukose, Malonsäure) als großes Molekül, wirken auf kollagene Strukturen des Bindegewebes ein und können zur Behandlung des chronischen Gelenkrheumatismus erfolgreich angewandt werden.

Aufbau chemischer Verbindungen der anorganischen Chemie

Die anorganische Chemie befaßt sich mit den Stoffen und Reaktionen der unbelebten Materie. Die Moleküle dieser anorganischen Substanzen sind durchwegs *klein* und von einfachem Aufbau. Sie gehorchen bestimmten Gesetzen und bedienen sich in ihrer Zusammensetzung der ganzen bunten Skala aller bekannten Elemente des periodischen Systems. Anorganische Verbindungen sind zum Beispiel Quarz, Kochsalz oder zahlreiche Gase. Wenn bisher der *Aufbau* von Atomen und Molekülen besprochen worden sind, so sollen jetzt die *Reaktionen* dieser Elemente untereinander näher betrachtet werden. Dazu ist es zunächst notwendig, die prinzipiellen Möglichkeiten kennenzulernen, in denen sich Atome zu Molekülen verbinden.

Atombindung

Bei der Beschreibung der Struktur von Atomen wurde gezeigt, daß nur die Edelgase eine volle äußere Elektronenschale haben; sie sind daher bereits als Atome stabil. Alle anderen Elemente haben unvollständige äußere Schalen und sind deshalb in der Lage, Bindungen mit einem oder mehreren Partnern desselben oder anderer Elemente einzugehen.

Betrachten wir als Beispiel ein Chloratom (Abb. 12). Es besitzt in seiner äußeren Schale sieben Elektronen, die nach dem Kugelwolkenmodell in drei „vollen“ Wolken zu je zwei Elektronen und einer „unvollständigen“ Wolke mit einem Elektron angeordnet sind. Nähern sich zwei solche Atome einander, so werden sich schließlich die beiden einfach besetzten Elektronenwolken etwas überlappen. Es entsteht schließlich ein *Gleichgewichtszustand*, von dem aus es Energie kosten würde, die beiden Atome wieder voneinander zu trennen. Der stabilere Zustand besteht darin, daß die zwei Atome eine gemeinsame, mit zwei Elektronen komplette Wolke besitzen.

In entsprechender Weise kann sich ein Chloratom auch mit einem Wasserstoffatom zu Chlorwasserstoff verbinden. Auch hier ist eine ge-

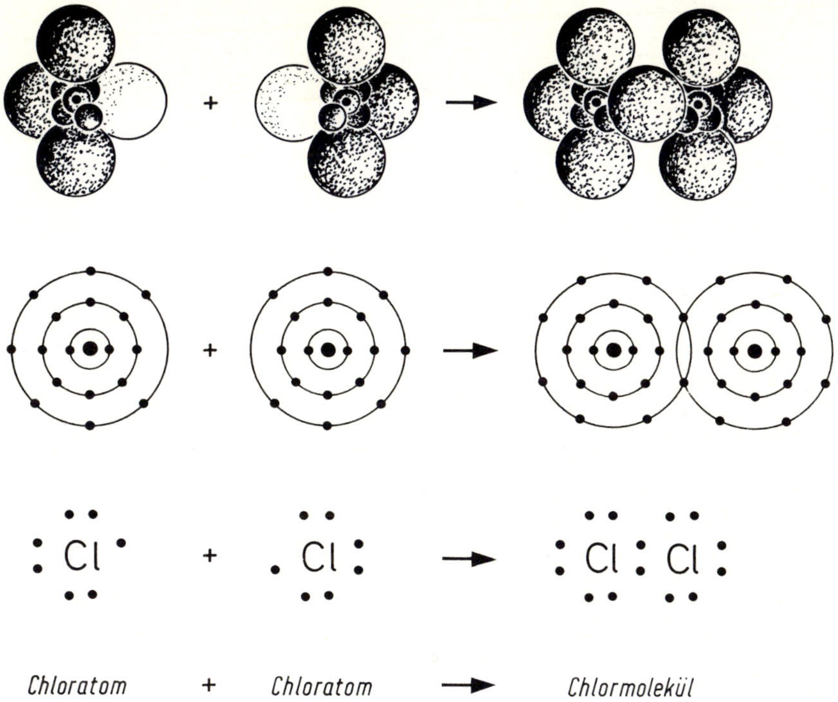

Abb. 12. Atombindung zwischen zwei Chloratomen, gezeigt am Kugelwolkenmodell, am *Bohr*schen Atommodell und in symbolischer Darstellung (die Punkte stellen dabei die Elektronen der äußersten Schale dar).

meinsame, doppelt besetzte Kugelwolke entstanden, die beiden Atomen zugehört (Abb. 13).

Mit dieser Art von Atombindung läßt sich der Aufbau zahlreicher Verbindungen, zum Beispiel Wasser oder Kohlendioxid, erklären. Bei Doppel- oder Dreifachbindungen zwischen zwei Atomen liegen demgemäß zwei oder drei gemeinsame Wolken vor.

Ionenbindung

Im Periodensystem stehen links die Metalle, rechts die Nichtmetalle. Dabei haben die Metalle nur wenige Elektronen in ihrer äußersten Elektronenschale, zum Teil nur eins (Natrium, Kalium). Eine solche Anordnung bedingt, daß diese Außenelektronen durch die Rumpfladung relativ wenig angezogen werden. Kommt es zu einer Reaktion mit einem Nichtmetall (z. B. Chlor), so ziehen die Nichtmetallatome die Elektro-

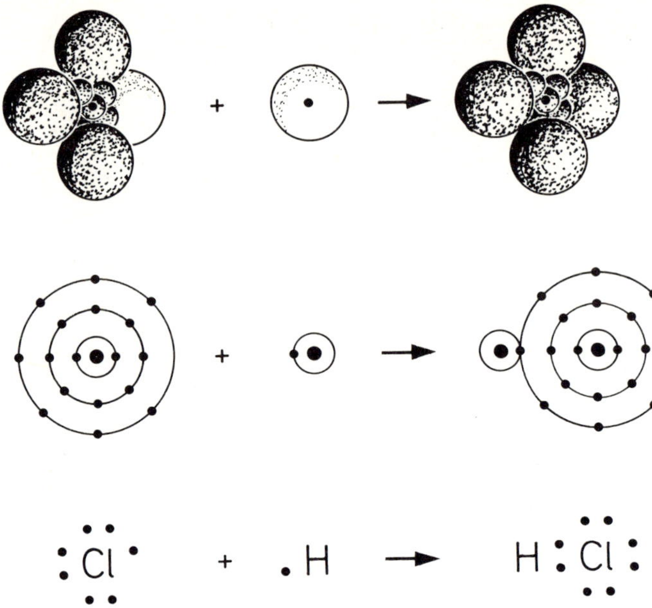

Abb. 13. Atombindung zwischen einem Chlor- und einem Wasserstoffatom, gezeigt am Kugelwolkenmodell, am *Bohr*schen Atommodell und in symbolischer Darstellung (die Punkte stellen dabei die Elektronen der äußersten Schale dar).

nen ihrer Partner ganz zu sich herüber. Es kommt also zu einem *Übergang* von Elektronen, und *nicht* zur Bildung gemeinsamer Elektronenwolken. Dadurch wird aber nun das Gleichgewicht zwischen der positiven Kernladung und der gleichen Anzahl negativer Elektronen in der Atomhülle gestört. Das Elektronen abgebende Metallatom hat nun ein Übergewicht positiver Ladungen, sein Partner durch den Empfang eines Elektrons ein Übergewicht negativer Ladungen. Es sind *elektrisch geladene Atome* entstanden, die man *Ionen* nennt (Abb. 14).

Wie eben dargestellt wurde, sind Ionen nach außen deshalb negativ oder positiv, weil die Zahl der positiven Ladungen im Kern nicht mehr der Zahl der negativen Ladung in der Hülle entspricht. Elektrisch positiv und negativ geladene Teilchen müssen aber aufeinander einen Einfluß ausüben. Deshalb bilden Atome in Ionenbindung zusammengehörende Paare, die wiederum auf ihre Umgebung Anziehungskräfte ausüben. Das Ergebnis ist schließlich ein ganzes *Gitter* zusammengehörender Ionen. Bei dem dargestellten Beispiel des NaCl bildet sich dadurch jener typische weiße Stoff, den wir Kochsalz nennen.

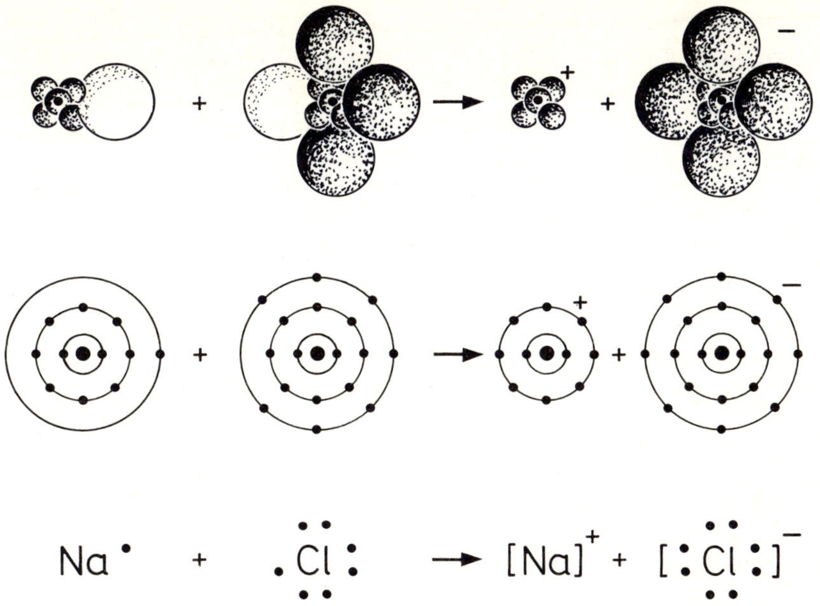

Abb. 14. Ionenbindung zwischen Natrium und Chlor, gezeigt am Kugelwolkenmodell, am *Bohr*schen Atommodell und in symbolischer Darstellung. Die Ionen zeichnen sich durch ihre elektrische Ladung aus.

Ionen unterscheiden sich von Atomen durch ihre elektrische Ladung

In der gleichen Art, wie eben der Übergang von Natrium- oder Chloratomen in Ionen besprochen wurde, vollzieht sich dieser Vorgang auch bei anderen Elementen. Dabei entspricht immer der Austausch *eines* Elektrons *einer* Ladungseinheit. Magnesium mit *zwei* Elektronen auf der äußeren Schale kann demnach beim Übergang in die Ionenform *zwei* Elektronen abgeben, wie andererseits Schwefel mit seinen sechs Valenzelektronen zwei Elektronen *aufnehmen* kann. Diese Substanzen werden dann *zweifach* positiv oder negativ, Elemente mit drei Valenzelektronen dreifach, und so weiter bis maximal vierfach, was einer halb gefüllten äußeren Schale entspricht.

Die Anzahl von Ladungseinheiten, die ein Ion aufweisen kann, entspricht also der Zahl der Valenzelektronen, das sind die Elektronen der äußeren Schale.

Die folgenden Beispiele sollen diese Verhältnisse aufzeigen. Gleichzeitig wird jetzt auf die übliche Schreibweise der Ionengleichungen übergegangen, in der jede positive Ladung durch mit$^+$, jede negative Ladung durch ein $^-$ gekennzeichnet wird. Eine dreifache positive Ladung, also die Abgabe von drei Elektronen, würde entsprechend mit $^{+++}$ bezeichnet.

Atome		**Moleküle** Aufbau	Schreibweise		**Ionen**
$\cdot Na + :\ddot{\underset{..}{Cl}}:$	=	$[Na]^+ [:\ddot{\underset{..}{Cl}}:]^-$	$NaCl$	=	$Na^+ + Cl^-$
$:Mg + 2:\ddot{\underset{..}{Cl}}:$	=	$[Mg]^{++} [:\ddot{\underset{..}{Cl}}:]^- [:\ddot{\underset{..}{Cl}}:]^-$	$MgCl_2$	=	$Mg^{++} + 2Cl^-$
$2\cdot Na + :\underset{..}{O}:$	=	$[Na]^+ [Na]^+ [:\ddot{\underset{..}{O}}:]^{--}$	Na_2O	=	$2Na^+ + O^{--}$

Elektrolytische Dissoziation

Leitet man elektrischen Strom durch Wasser, so wird durch den Widerstand des Wassers der Stromkreis unterbrochen; eine dazwischengeschaltete Glühlampe bleibt dunkel. Das gleiche geschieht, wenn in dem Wasser Zucker aufgelöst wird. Stellt man dagegen eine Kochsalzlösung her, so leuchtet die Glühlampe auf – es muß nun irgendein Medium vorhanden sein, das den elektrischen Strom durch die Lösung transportiert (Abb. 15).

Zur Erklärung der Leitfähigkeit einer Kochsalzlösung ist folgende Überlegung wichtig: Wie alle löslichen Stoffe, so verteilt sich zunächst sowohl die Zucker- als auch die Salzmenge im Wasser bis auf Molekülgröße. Bei der Salzlösung muß aber noch ein weitergehender Zerfall vorliegen. Dieser besteht auch, und zwar zerfallen die Salzmoleküle in

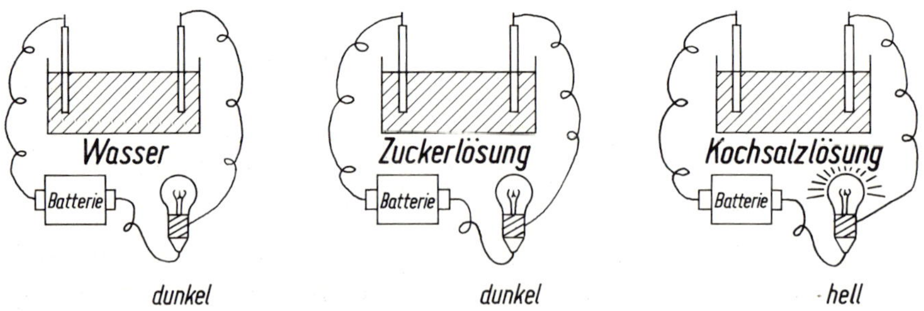

Abb. 15. Leitung des elektrischen Stromes.

positiv und negativ geladene Teilchen, die sich von Atomen durch die Plus- oder Minusladung unterscheiden – also in *Ionen*. Zu Ionen zerfallen alle *anorganischen Salze, Säuren und Laugen*. Weil alle diese Stoffe in wässeriger Lösung zu Leitfähigkeit führen, nennt man sie *Elektrolyte*, elektrische Leiter.

> *Elektrolyte sind Stoffe, deren Moleküle in Wasser oder beim Schmelzen in elektrisch geladene Teilchen, Ionen, zerfallen.* Zu den Elektrolyten gehören alle anorganischen Salze, Säuren und Laugen.

Legt man an eine Elektrolytlösung einen elektrischen Strom, so beginnen die Ionen zu wandern und begeben sich zu dem entgegengesetzten Pol.

> *Positiv geladene Ionen (Kationen) wandern zum Minuspol (Kathode). Negativ geladene Ionen (Anionen) wandern zum Pluspol (Anode).*

An den elektrischen Polen *geben die Ionen ihre Ladungen ab* oder *nehmen Ladungen auf*; so erhält ein Natriumion an der negativen Kathode aus dem elektrischen Strom ein Elektron (elektrische Ströme sind wandernde Elektronen) und wird dadurch wieder zum Natrium*atom*. Gleichzeitig wird es aber chemisch wieder hochaktives Natrium, das sofort an Ort und Stelle mit dem Wasser reagiert ($Na + H_2O = NaOH + H$) unter Bildung von Wasserstoff, den man in Form feiner Bläschen aufsteigen sieht. An der Anode gibt das Chlorion ein Elektron in den Stromleiter ab und wird zum Chloratom, das sofort mit dem Wasser zu Chlorwasser reagiert. Genau besehen haben also die Ionen *Elektronen durch die Lösung transportiert und damit den Strom geleitet*, was anfangs als erste Besonderheit einer Elektrolytlösung aufgefallen war.

Bei Zerfall in Ionen können auch Komplexe aus mehreren Atomen entstehen. Dabei errechnet sich die elektrische Gesamtladung leicht aus dem Verhältnis der Valenzelektronen. Beispiele für den elektrolytischen Zerfall solcher Verbindungen sind

Kohlensäure	H_2CO_3	$= H^+ + H^+ + CO_3^{--}$
Schwefelsäure	H_2SO_4	$= H^+ + H^+ + SO_4^{--}$
Calciumhydroxid	$Ca(OH)_2$	$= Ca^{++} + OH^- + OH^-$

Wie oben besprochen wurde, zerfallen die *Elektrolyte* beim Lösen nicht nur in Moleküle (wie dies alle löslichen Stoffe tun), sondern weiter zu *Ionen*. Man muß sich dies ungefähr so vorstellen, daß sich die Wassermoleküle wie kleine Keile zwischen die Ionen legen und damit verhindern, daß sich diese gleich wieder zu Molekülen vereinigen.

Der Zerfall in Ionen ist aber in den seltensten Fällen vollständig. Meist ist nur ein Teil der Moleküle aufgespalten. Diesen Aufspaltungsgrad nennt man nach dem Fremdwort „dissoziieren" auch den *Dissoziationsgrad*. Weil diese Vorgänge bei den Elektrolyten vorkommen, spricht man auch von *elektrolytischer Dissoziation*.

Wieviele der Moleküle eines Elektrolyts beim Auflösen dissoziieren, hängt ab

1. von der Art des jeweiligen Stoffes und
2. von der Menge, die aufgelöst wird.

Schwach dissoziieren beispielsweise Kohlensäure, H_2CO_3, oder Ammoniak, NH_3; stark dissoziieren Salzsäure, HCl, oder Natronlauge, NaOH.

Je weniger von einem Stoff in einer bestimmten Menge Wasser aufgelöst wird, desto mehr von ihm zerfällt in Ionen, er dissoziiert also *stark*. Wird dagegen eine große Menge eines Elektrolytes gelöst, so ist der Grad der Dissoziation geringer.

Elektrolyte dissoziieren beim Lösen oder Schmelzen je nach Art des Stoffes und Konzentration im Lösungsmittel mehr oder weniger stark zu Ionen. Jedes Elektrolyt hat einen genau bestimmten und immer wiederkehrenden Dissoziationsgrad. α

Säuren

Säuren entstehen aus einer Verbindung von *Nichtmetalloxiden mit Wasser:*

Nichtmetall	Nichtmetalloxid (Anhydrid)	+ Wasserzusatz	= Säure
C	CO_2	$+ H_2O$	$= H_2CO_3$ Kohlensäure
P	P_2O_5	$+ 3H_2O$	$= 2H_3PO_4$ Phosphorsäure
S	SO_3	$+ H_2O$	$= H_2SO_4$ Schwefelsäure
N	N_2O_5	$+ H_2O$	$= 2HNO_3$ Salpetersäure

Ausnahmen:

HCl (Salzsäure)
HBr (Bromwasserstoff)
H_2F_2 (Fluorwasserstoff).

Während Sauerstoff zwar ein charakteristischer, aber nicht unbedingt vorhandener Bestandteil von Säuren ist (er hat seinen Namen daher, Oxygen heißt *Säurebildner*), enthalten alle Säuren *Wasserstoff*. Sie zerfallen, da sie bekanntlich zu den Elektrolyten gehören, unter anderem in diesen Bestandteil. Anders ausgedrückt sind *alle Stoffe, die beim Dissoziieren H^+-Ionen abgeben, Säuren.*

Weitere Eigenschaften von Säuren sind, wie der Name sagt, der saure Geschmack und die Fähigkeit, Lackmus rot zu färben (s. S. 61).

Laugen (Basen)

Die Laugen, auch Basen genannt, sind in vieler Hinsicht eine Art chemischer Gegenspieler der Säuren. Sie entstehen aus der Verbindung von *Metalloxiden* (vor allem der Leichtmetalle) und *Wasser*:

Metall	Metalloxid (Anhydrid)	+ Wasserzusatz	= Lauge
Al	Al_2O_3	$+ 3H_2O$	$= 2Al(OH)_3$ Aluminiumhydroxid
K	K_2O	$+ H_2O$	$= 2KOH$ Kalilauge
Na	Na_2O	$+ H_2O$	$= 2NaOH$ Natronlauge
Ca	CaO	$+ H_2O$	$= Ca(OH)_2$ Calciumhydroxid

Als charakteristischen Bestandteil, der beim Dissoziieren von Laugen immer auftritt, findet man die OH-Gruppe, so daß auch gesagt werden kann: Jeder Stoff, der beim Lösen *die OH-Ionengruppe bildet, ist eine Lauge.* alte Definition

Laugen machen die Haut schlüpfrig und zersetzen sie; sie färben Lackmuspapier blau.

> *Alle Verbindungen, die in Lösung H^+-Ionen abgeben, sind Säuren. Werden OH^--Ionen abgegeben, so handelt es sich um Laugen. Je ausgeprägter die Dissoziation ist, desto stärker sind die Säuren oder Laugen.*

Der pH-Wert

Wie eben ausgeführt wurde, wird saures oder alkalisches Verhalten durch den Gehalt an H^+- bzw. OH^--Ionen charakterisiert. Darüber hinaus läßt sich aber auch noch ausdrücken, wie *stark* eine Säure oder Lauge ist. Dies geschieht durch den sogenannten pH-Wert.

Wasser ist zu einem außerordentlich geringen Teil in seine Bestandteile H^+ und OH^- dissoziiert. Das gleichzeitige Vorhandensein gleicher Mengen dieser Ionen bedingt zwangsläufig, daß Wasser *weder sauer noch alkalisch* ist; es reagiert *neutral*. In diesem neutralen Stoff kann man feststellen, daß bei einer Temperatur von 22° C in 10 Millionen Liter ein mol Wasser in Form von Ionen enthalten ist.

1 mol bedeutet das Molekulargewicht in g, d. h. 16 g Sauerstoff + 2 g Wasserstoff = 19g Wasser.

Die Wasserstoff-Ionen-Konzentration von 1 auf 10 Millionen kann man, anders dargestellt, auch als $1 : 10^7$ ausdrücken. Da es für die Praxis zu umständlich wäre, mit Begriffen wie 10 Millionen Liter zu rechnen, wird nur die kleine, hochgestellte 7 verwendet und als Konzentration der Wasserstoff-Ionen angegeben. Man schreibt dann nur pH 7. Einen solchen pH-Wert hat Wasser als neutrale Substanz.

Alle Säuren zeichnen sich durch einen höheren Gehalt an Wasserstoff-Ionen aus. Es enthalten dann bereits weniger Liter der in Wasser gelösten Säure 1 mol H^+-Ionen, z. B. 100.000 = 10^5 Liter. Man spricht dann von einem pH 5, dieser stellt also eine Säure dar. Umgekehrt charakterisieren niedrige Wasserstoff-Ionen Konzentrationen bis hinunter zu einem pH 14 alkalisches Verhalten. Unter einen Wert von 14 kann der pH nicht sinken, da dies soviel wie den völligen Ersatz aller Wasserstoff-Ionen durch OH-Ionen bedeutet.

Ein pH-Wert von **7** *bezeichnet Neutralität, niedrigere Werte kennzeichnen Säuren, höhere Werte geben den basischen Charakter an.*

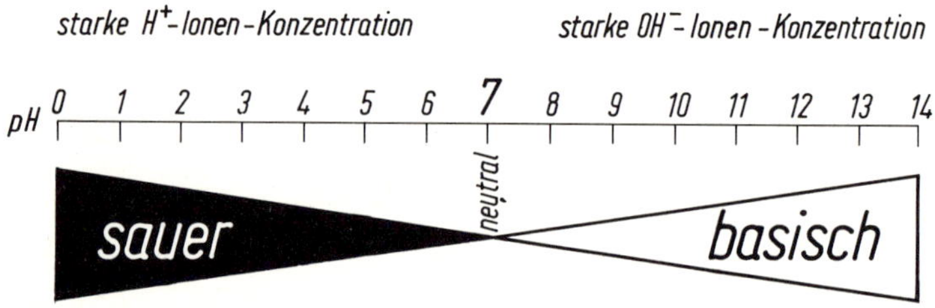

Abb. 16. pH-Skala.

x wichtig

Indikatoren

Es gibt Stoffe, die je nach dem pH-Bereich ihre *Farbe* ändern und die deshalb zum Nachweis eines sauren oder basischen Milieus dienen. Am bekanntesten ist *Lackmus* (als Flüssigkeit oder auf einem Papierstreifen aufgetragen), das bei Vorhandensein von Säure rot, von Lauge blau wird. Der Umschlagpunkt liegt bei pH 6–7. Solche Stoffe zeigen den Säuregrad einer Lösung an und werden daher auch Indikatoren genannt. Weitere solche Stoffe sind Phenolphthalein oder Methylorange.

	Farbe in saurem Milieu	Farbe in basischem Milieu
Lackmus	rot	blau
Phenolphthalein	farblos	rot
Methylorange	rot	orangegelb

Durch Indikatoren kann man den pH-Wert verschiedener Lösungen bestimmen; er liegt z. B. für konzentrierte Salzsäurelösungen bei 1, für Magensaft bei 1,77, für Blut sehr genau bei 7,41 und für Urin zwischen 4,8 und 9.

Salzbildung

Wie eben besprochen wurde, zerfällt eine Säure oder Lauge beim Lösen zu einem jeweils genau bestimmten Prozentsatz in Ionen. Es sollen jetzt die Vorgänge beim *gleichzeitigen Vorhandensein mehrerer Elektrolyte in derselben Lösung* besprochen werden.

Angenommen, es wird zunächst Salzsäure HCl in ein Gefäß geschüttet. Es finden sich dann neben HCl-Molekülen eine große Menge H^+- und Cl^--Ionen. In dasselbe Gefäß füllt man nun Natronlauge NaOH, die ihrerseits zu einem großen Prozentsatz in Na^+- und OH^--Ionen zerfallen ist. In der Lösung sind jetzt vorhanden

als Anionen: Cl^- und OH^-
als Kationen: H^+ und Na^+
als Moleküle: HCl und NaOH.

Die verschiedenen Ionen beginnen nun miteinander unter Bildung neuer Stoffe zu reagieren. Aus H^+ und OH^- bildet sich Wasser H_2O, aus Na^+ und Cl^- Kochsalz NaCl. Diese neuen Stoffe können nach dem Gesetz der Dissoziation aber nicht nur in ihrer Ionenform vorliegen, da für sie ja ebenfalls gilt, daß sie als Elektrolyte zu einem bestimmten Teil als

Moleküle vorhanden sein müssen. So wie beim Auflösen ein Teil der Moleküle zu Ionen zerfällt, so schließt sich jetzt ein Teil der Ionen zu Molekülen zusammen, bis der für den entsprechenden Stoff charakteristische Dissoziationsgrad erreicht ist.

In dem genannten Beispiel schließen sich demnach Ionen zu Molekülen von H_2O und NaCl zusammen. Das bedeutet aber, daß *Ionen verbraucht* werden, so daß von den ursprünglichen Substanzen HCl und NaOH weitere Moleküle zerfallen müssen, um nun ihrerseits den Dissoziationsgrad aufrechtzuerhalten. Dieses Wechselspiel setzt sich solange weiter fort, bis alle ursprünglichen Moleküle zerfallen und aus ihren Ionen die neuen Stoffe NaCl und H_2O entstanden sind. In der neuen Lösung sind jetzt vorhanden

als Anionen: Cl^- und OH^-
als Kationen: H^+ und Na^+
als Moleküle: H_2O und NaCl.

Der beschriebene Vorgang ist eine *Salzbildung*, entsprechend reagieren alle Säuren mit Laugen zu Salz und Wasser.

Das iste eine Neutralisations-reaktion !!!

Säuren und Laugen verbinden sich miteinander zu Salzen und Wasser.

Die einfache chemische Schreibweise des genannten Prozesses ist

$$HCl + NaOH = NaCl + H_2O$$

Andere entsprechende chemische Umsetzungen sind zum Beispiel:

$$H_2CO_3 + 2\ NaOH = Na_2CO_3 + H_2O$$

(Kohlensäure und Natronlauge gibt Natriumcarbonat [Soda] und Wasser) oder

$$H_2SO_4 + Mg(OH)_2 = MgSO_4 + 2\ H_2O$$

(Schwefelsäure und Magnesiumhydroxid gibt Magnesiumsulfat und Wasser).

Neben diesen Arten der Salzbildung aus Säure und Lauge unter Wasserabspaltung können Salze auch entstehen aus

Metall + Säure
Metalloxid + Säure
Metall + Nichtmetall

sowie aus zwei verschiedenen anderen Salzen. Diese Möglichkeiten sollen im Rahmen dieses Buches nicht näher erläutert werden.

Die Bildung oder Zerlegung von Salzen ist in der anorganischen Chemie der häufigste Umsetzungsprozeß, fast alle Reaktionen haben damit etwas zu tun.

Pufferung

Die gemeinsame Lösung einer schwach dissoziierenden Säure mit einem ihrer stark dissoziierenden Salze weist besondere chemische Eigenschaften auf, die sich aus dem Verhalten der vorliegenden Ionen erklären.

Ein Beispiel soll den Vorgang erläutern. Kohlensäure, H_2CO_3, ist aufgrund ihrer chemischen Eigenschaften nur schwach in H^+- und CO_3^{--}-Ionen zerfallen. Ihr Salz Na_2CO_3 dagegen dissoziiert stark zu Na^+ und CO_3^{--}. Eine gemeinsame Lösung der beiden Stoffe enthält demnach viele CO_3^{--}-Ionen neben reichlich Na^+ und einigen H^+-Ionen. Die Reaktion auf Lackmus zeigt schwach saures Verhalten an. Überraschenderweise wird aber die Lösung *nicht saurer*, wenn einige Tropfen Salzsäure hinzugefügt werden. Die für den Säurewert maßgeblichen H^+-Ionen der Salzsäure werden nämlich von den zahlreichen CO_3^{--}-Ionen abgefangen und fügen sich zu undissoziierten H_2CO_3-Molekülen zusammen. Eine Lösung der genannten Art *puffert* also ein Zuviel an Säure ab.

Die Lösung einer schwachen Säure mit einem ihrer stark dissoziierten Salze kann als Pufferlösung Säure binden, ohne selbst saurer zu werden.

Ein solches Puffersystem liegt auch vor im *Blut* in Form der schwachen Säure H_2CO_3 (Kohlensäure, dissoziiert in H^+ und HCO_3^-) und ihres stark dissoziierten Salzes Natriumbicarbonat $NaHCO_3$ ($\rightarrow Na^+ + HCO_3^-$). Im Stoffwechsel anfallende Säuren können dadurch unter vermehrter Bildung von Kohlensäure abgepuffert werden; diese wiederum wird nach der Gleichung $H_2CO_3 \rightarrow H_2O + CO_2$ zerlegt und das CO_2 über die Lunge abgeatmet. Übersäuerung des Organismus führt also zu starker Abatmung, besonders eindrucksvoll bei der *Kußmaulschen Atmung* des azidotischen Komapatienten.

Normallösungen

Um Lösungen für Untersuchungszwecke genau definieren zu können, wurde die *Normallösung* eingeführt. Sie gibt für jedes Elektrolyt eine konstante und immer wiederholbare Konzentration an, die sich wie folgt errechnet:

Zunächst werden die Atomgewichte, wie man sie aus dem Periodensystem ablesen kann, in dem ganzen Molekül zusammengezählt. Die erhaltene Zahl wird durch die Anzahl der (einwertigen) Wasserstoffatome dividiert oder, wenn kein Wasserstoff enthalten ist, durch entsprechende andere einwertige Gruppen (ganz unten auf dieser Seite). Die erhaltene Zahl gibt die Gramm an, die von dem betreffenden Stoff in einem Liter enthalten sein müssen. Anders ausgedrückt: Normallösungen enthalten stets *äquivalente* (= gleichwertige) Mengen der gelösten Stoffe. Deshalb setzen sich gleiche Raumteile von Normallösungen miteinander um, ohne daß eine Fehlmenge oder ein Überschuß auftritt.

Beispiele

1. Es ist eine Normallösung von HCl herzustellen.
   Atomgewicht des H 1,008
   Atomgewicht des Cl 35,453
   Atomgewicht HCl 36,5 (aufgerundet)
   dividiert durch die Zahl der H-Atome, also 1,
   bleibt 36,5
   36,5 Gramm HCl auf einen Liter Wasser aufgefüllt ergibt 1000 ml einer Normallösung Salzsäure.

2. Es ist eine Normallösung von H_2SO_4 herzustellen.
   Atomgewicht des H 1,008 mal 2 = 2,016
   Atomgewicht des S 32,06 32,06
   Atomgewicht des O 16,000 mal 4 = 64,00
   ergibt aufgerundet 98,08
   dividiert durch 2 (2 H-Atome) = 49,5
   49 Gramm H_2SO_4 auf einen Liter Wasser aufgefüllt ergibt die gesuchte Normallösung.

3. Gesucht wird die Menge NaOH für eine Normallösung.
   Atomgewicht des Na 23
   Atomgewicht des O 16
   Atomgewicht des H 1
   40
   dividiert durch die Wertigkeit der OH-Gruppe, also 1, = 40. 40 Gramm NaOH auf einen Liter aufgefüllt ist die Normallösung.

4. Die Normallösung von Soda Na_2CO_3 wird gesucht.
   Atomgewicht von Na 23 mal 2 = 46
   Atomgewicht von C 12
   Atomgewicht von O 16 mal 3 = 48
   106
   dividiert durch die Wertigkeit der Gruppe, also 2, = 53. 53 Gramm Soda auf einen Liter Wasser aufgefüllt ist die gesuchte Normallösung.

Die Wertigkeit der einzelnen Gruppen läßt sich aus den Ionengesetzen errechnen, hier einige der Wichtigsten:

Einwertig: H^+-, OH^--, HCO_3^--, Na^+-, Cl^--, NO_3^--, K^+-.

Zweiwertig: Ca^{++}-, SO_4^{--}-, Mg^{++}-, CO_3^{--}-, Zn^{++}-.

Dreiwertig: Al^{+++}-, PO_4^{---}-.

Titration

Mit Hilfe der Normallösungen gelingt es, unbekannte Säuren oder Laugen genau auf ihren Gehalt hin zu bestimmen. Dazu ist es wichtig zu wissen, daß jeder Liter einer Normallösung dieselbe Anzahl von Molekülen enthält, gleich welchen Stoffes.

Ein Liter einer HCl-Normallösung ergibt also mit einem Liter einer NaOH-Normallösung auf das Molekül genau Kochsalz und Wasser, ohne daß ein Überschuß an Säure oder Lauge bleibt.

Versetzt man eine unbekannte Säure solange tropfenweise mit einer NaOH-Normallösung, bis ein eingebrachter Indikator (Lackmus, Methylorange) Farbumschlag zeigt, so bedeutet das den Aufbruch aller Wasserstoffionen unter Salzbildung. Man braucht nun lediglich die verbrauchte Menge der Normallösung zu messen, um daraus den Gehalt der Säure direkt abzulesen. Diesen Vorgang nennt man Titration.

Titriert wird meistens nicht mit konzentrierten, sondern mit verdünnten Normallösungen. Dafür gelten natürlich die obigen Regeln entsprechend. Verdünnte Normallösungen werden im Labor mit n/10 bzw. n/100 bezeichnet; zum Beispiel bedeutet n/10 HCl eine Lösung von 3,65 g Salzsäure auf einen Liter Wasser.

Katalysatoren

Bei den bisher genannten chemischen Umsetzungen wurde immer von der Tatsache ausgegangen, daß die Reaktion in dem Augenblick eintritt, in dem die Ausgangsstoffe miteinander vermengt werden. Dies ist in den meisten Fällen auch richtig. Bei manchen chemischen Reaktionen ist darüber hinaus ein Erwärmen nötig, weil mit ansteigender Temperatur alle Prozesse rascher ablaufen. Andere Reaktionen wieder geben von sich aus Wärme ab, so daß das Gemisch zu kochen oder zu schmelzen beginnt.

Es gibt aber auch chemische Umsetzungen, die erst ablaufen, wenn bestimmte Stoffe anwesend sind, die man *Katalysatoren* nennt. Ein solcher Katalysator, beispielsweise ein Kupfer- oder Quecksilbersalz, regt den chemischen Prozeß an, *ohne sichtbar daran teilzunehmen*. Nach Ablauf des Prozesses ist der Katalysator wieder in seiner alten Form vorhanden und kann nochmals verwendet werden. Solche katalytisch gesteuerten Umsetzungen sind besonders in der organischen Chemie wichtig. Es kommt dabei häufig vor, daß selbst recht reaktionsfreudige Stoffe erst dann miteinander reagieren, wenn der Katalysator zugegeben wird.

Zu den Katalysatoren gehören neben den erwähnten Metallsalzen vor allem Platin und andere fein verteilte Metalle. *Die Menge* des Katalysators ist dabei oft *nicht ausschlaggebend*. Wichtige Katalysatoren sind die *Enzyme* im Organismus, die durch Gifte (etwa Blausäure) zerstört werden. Die Wirkung vieler Gifte ist also eine Hemmung der Katalysatoren des Stoffwechsels.

Die chemischen Verbindungen der organischen Chemie

Die organische Chemie ist früher oft die Chemie der *belebten Natur* genannt worden. Sie befaßt sich mit dem Aufbau und den Reaktionen von Stoffen wie Eiweiß, Zucker, Stärke oder Erdöl. Im Gegensatz zu der anorganischen Chemie werden nur wenige Grundstoffe zum Aufbau der organischen Substanzen verwendet, allen voran *Kohlenstoff*, *Wasserstoff* und *Sauerstoff*. Man hat diesen Zweig der Chemie deshalb auch schon als die Chemie des Kohlenstoffes bezeichnet. Häufig sind noch die Elemente Stickstoff, Schwefel, Phosphor, selten andere Elemente vertreten.

Eine Eigentümlichkeit der organisch-chemischen Substanzen ist es, sich zu großen Molekülen zusammenzufügen. Diese Moleküle haben zum Teil Ketten- oder Ringform, die größten unter ihnen sind im Elektronenmikroskop direkt sichtbar und bestehen aus Tausenden von Atomen. Es leuchtet ein, daß solche Riesenmoleküle andere physikalisch-chemische Eigenschaften haben müssen.

Weil die Verbindungen der organischen Chemie größtenteils keinen Elektrolytcharakter haben, laufen ihre Reaktionen nicht nach den Ionengesetzen ab. Da die einzelnen Substanzen außerdem oft sehr große Molekülteile darstellen, kommt man nicht mehr mit den Reaktionsformeln der anorganischen Chemie aus. Aus diesem Grund stellt man die organischen Substanzen mit ihrer *Strukturformel* dar. Diese sollen deshalb zunächst besprochen werden.

Die Strukturformel

Bei den bisher gebrauchten chemischen Formeln wurde lediglich die Summe der enthaltenen Atome angegeben, zum Beispiel H_2O, H_3PO_4 oder $NaHCO_3$. Solche Formeln werden deshalb *Summenformeln* genannt. Ausnahmen machen lediglich besondere Gruppen, die als solche gekennzeichnet werden sollen, vor allem die Gruppe $-OH$. So schreibt man nicht MgO_2H_2, sondern $Mg(OH)_2$, um den Zerfall in Mg^{++}- und OH^--Ionen auszudrücken.

In der organischen Chemie reicht die Bezeichnung durch Summenformeln nicht mehr aus, da die Größe der Moleküle nichts mehr über besondere Gruppierungen aussagen ließe. Eine Angabe wie $C_{18}H_{34}O_2$ läßt keine weitere Differenzierung zu und verrät den Säurecharakter dieses Stoffes, der Ölsäure, nicht. Aus diesem Grund werden in der organischen Chemie die Strukturen der Moleküle dargestellt; eine solche Formel heißt dementsprechend *Strukturformel.*

Der Aufbau von Strukturformeln ist verhältnismäßig einfach; er vollzieht sich unter Verwendung von Atomen wie bei einem Baukasten, wobei jedes Element eine bestimmte Anzahl Verbindungsmöglichkeiten hat. Diese „Anschlußmöglichkeiten“ bleiben für jedes Element immer gleich und entsprechen nichts anderem als den bereits bekannten *Wertigkeiten.* Der einwertige Wasserstoff hat also nur eine Verbindungsmöglichkeit, der zweiwertige Sauerstoff zwei, der Kohlenstoff vier und der Stickstoff entweder drei oder fünf, je nachdem, von welcher Seite her seine Stellung im periodischen System betrachtet wird. Schwefel ist vor allem sechswertig, entsprechend seiner Stellung in der Gruppe 6 des periodischen Systems.

Die Verbindungsmöglichkeiten der organischen Stoffe beruhen auf diesen „Anschlüssen“ der einzelnen Atome. Um dies zu kennzeichnen, wird *jede Verbindungsmöglichkeit mit einem Strich bezeichnet*, so daß man die in der organischen Chemie vorkommenden Atome als Bausteine der Moleküle folgendermaßen darstellen kann:

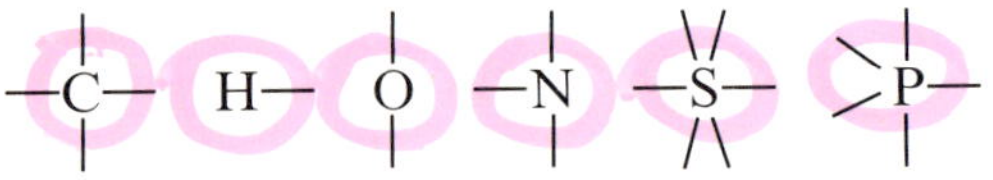

Aus diesen „Bauelementen“ entstehen die Formeln der Verbindungen durch einfaches Aneinanderfügen. Dabei darf *keine Wertigkeit frei* bleiben; jeder Verbindungsstrich muß an einen anderen anschließen.

Aus fünf Kohlenstoff- und zwölf Wasserstoffatomen ließen sich theoretisch folgende Verbindungen bilden,

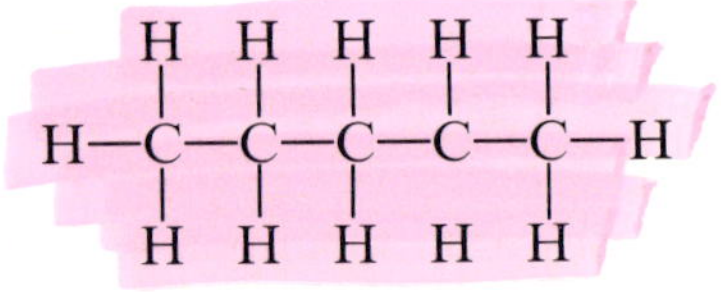

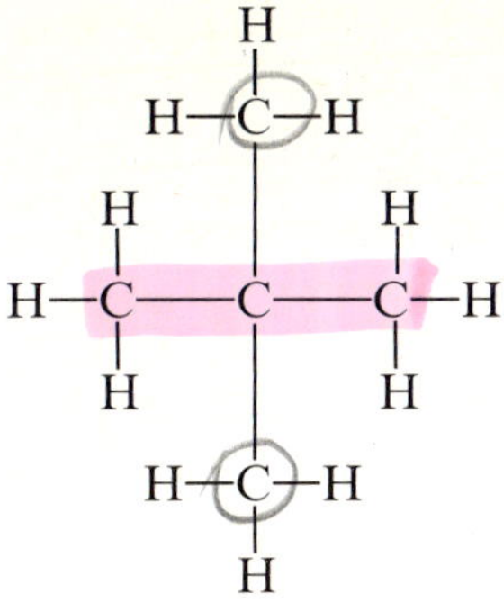

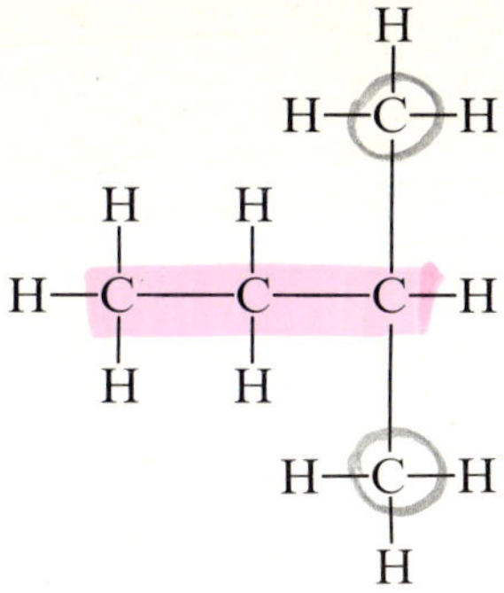

die alle die Summenformel C_5H_{12} haben, in ihrer Struktur aber völlig verschiedenartig sind. Dabei schälen sich schon bestimmte *Gruppen* heraus, die in der organischen Chemie eine besondere Bedeutung haben und zur verkürzten Schreibung der Strukturformel beitragen. In den obigen Formeln sind solche Gruppen, über die später noch ausführlich gesprochen wird, die CH_2- und die CH_3-Gruppe.

Abgekürzte Schreibweise für 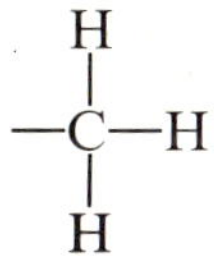 $= -CH_3$

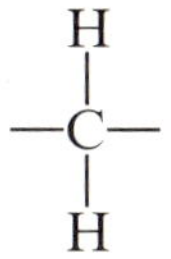 $= -CH_2-$

Da die *Verbindungsstriche oft auch weggelassen* werden, können die obigen Formeln auch wie folgt geschrieben werden:

$CH_3CH_2CH_2CH_2CH_3$ 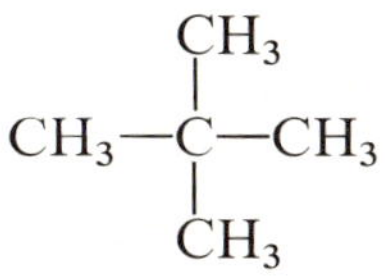 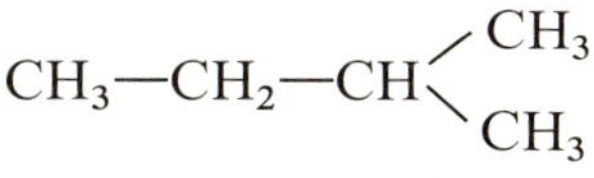

In dieser etwas abgekürzten Schreibweise werden die Strukturformeln der organischen Chemie üblicherweise wiedergegeben. Das Zusammenfassen zu bestimmten Gruppen ist auch deshalb sinnvoll, weil diese Gruppierungen häufig genau definierte chemische Eigenschaften haben, die wiederum auf die Reaktionsart des Gesamtmoleküls schließen lassen. So kennzeichnen bestimmte Gruppen ein Molekül zum Beispiel als wasserlöslich, oder das Vorkommen einer Atomgruppe läßt erkennen, daß dieser Stoff leicht aus dem Organismus ausgeschieden wird oder ähnliches.

Will man kurz kennzeichnen, daß an einem Molekül noch eine Atomgruppe hängt, die aber im Augenblick nicht wichtig ist, so kann man diese als *Rest*, Abkürzung R, angeben. Käme es in der folgenden Formel nur auf die CH_2-Gruppe an, so könnte man abkürzen

Eine solche Schreibung ist aber im allgemeinen nur bei großen unübersichtlichen Formeln notwendig, wenn die chemisch aktiven Gruppen besonders herausgestellt werden sollen.

Eigentlich muß man sich die Strukturformeln immer *räumlich* vorstellen. Die einzelnen Atome liegen nicht nur in einer Ebene, sondern nach allen Seiten im Raum verteilt. Die Strukturformel ist genaugenommen nur eine Projektion auf die Papierebene.

In der Regel besteht zwischen zwei Atomen nur *eine* Bindung; die anderen Wertigkeiten sind mit weiteren Atomen abgesättigt, In einigen Fällen bilden sich aber auch mehrere Bindungen zwischen zwei benachbarten Atomen aus, die dann als Doppel- oder Dreifachbindung benannt werden.

Doppelbindungen

Bilden sich mehrere Verbindungen zwischen zwei Atomen, so entstehen im einfachsten Fall Doppelbindungen. Die Strukturformel lautet dann beispielsweise

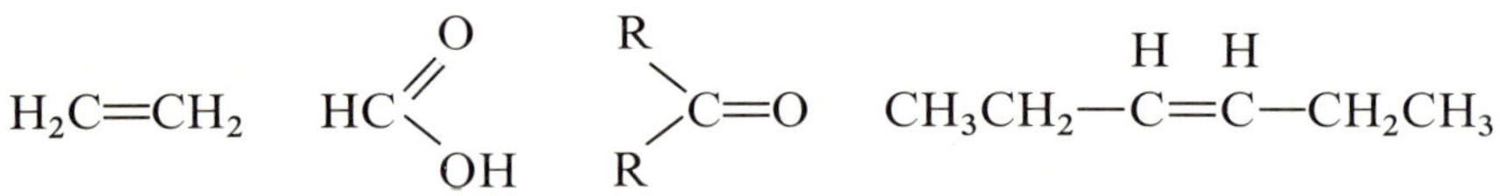

Doppelbindungen sind weniger stabil als Einfachbindungen und suchen in solche überzugehen. Daraus resultiert eine große Reaktionsfreudigkeit von Molekülen, die doppelte Bindungen enthalten. Unter Anlagerung weiterer Atome, die begierig aufgenommen werden, sucht die Verbindung den ausgeglichenen Zustand zu erreichen.

Dreifachbindungen

Für diese Bindungen gilt im wesentlichen das bei der Doppelbindung Gesagte, nur ist die Reaktionsbereitschaft entsprechend höher. Als Beispiel wird

Acetylen H—C≡C—H

genannt, das oft schon bei geringsten Anlässen (Erwärmung) zerfällt und bei Luftzufuhr heftig explodiert. Unfälle in chemischen Fabriken sind häufig auf diese Reaktionsbereitschaft des Acetylens zurückzuführen.

> *Doppel- und Dreifachbindungen machen einen Stoff reaktionsfreudig, da sie unter Anlagerung weiterer Atome in einfache Bindungen überzugehen trachten.*

Substanzen mit Mehrfachbindungen werden auch als *ungesättigt* bezeichnet. Der Übergang in eine gesättigte Verbindung wird meist durch die Anlagerung von Wasserstoffatomen erreicht. Diesen Vorgang nennt man *Hydrierung*. Umgekehrt wird der Entzug von Wasserstoffatomen als *Dehydrierung* bezeichnet.

Ungesättigte Verbindungen lassen sich durch Hydrierung in gesättigte überführen.

Hydrierung und Dehydrierung sind in der organischen Chemie sehr häufige und wichtige Prozesse; die entsprechenden Fabriken nennt man *Hydrierwerke*.

Beispiel für eine Hydrierung:

$HC{\equiv}CH + H_2 = H_2C{=}CH_2$, $\quad H_2C{=}CH_2 + H_2 = H_3C{-}CH_3$

(Acetylen geht unter Wasserstoffzufuhr über Äthylen in Äthan über).

Kohlenwasserstoffe

Kohlenstoff und Wasserstoff sind die Elemente, die in der organischen Chemie am häufigsten vorkommen. Außerordentlich groß ist auch die Zahl der Verbindungen, die nur aus diesen beiden Grundstoffen bestehen, und die man daher Kohlenwasserstoffe nennt. Für solche Substanzen bietet sich andererseits aber eine übersichtliche Einteilungsmöglichkeit nach der Zahl der vorhandenen Kohlenstoffatome, nach dem Vorliegen von Mehrfachbindungen und nach der Art der Kohlenstoffkette. Entsprechend spricht man von *niedrigen* oder *hohen, ungesättigten* oder *gesättigten* sowie *Ketten*- oder *Ring*verbindungen. Die Besprechung der zahllosen Substanzen dieser Gruppe kann hier nur in Form eines Überblicks gegeben werden.

Die Paraffinreihe

Die einfachste Form der Kohlenwasserstoffe führt zur Reihe der Paraffine. Die Verbindungen dieser Reihe sind *gesättigt*; sie zeigen daher chemisch keine sehr große Reaktionsbereitschaft und setzen sich praktisch nur mit Sauerstoff und den Halogenen um. Alle Moleküle dieser Gruppe sind *Ketten*; es kommt also nicht zum Ringschluß. Paraffine kommen im *Erdöl* vor. Eine Einteilung erfolgt nach der Zahl der Kohlenatome, daraus entsteht die *Paraffinreihe*:

C_1 *Methan* 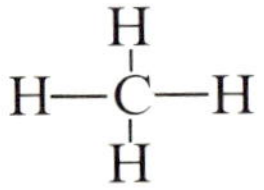 Summenformel CH_4

Das farb- und geruchlose Gas tritt in Kohlengruben aus Erdspalten aus (Grubengas) oder kommt als Hauptbestandteil des Erdgases vor. Bei Fäulnisvorgängen entsteht durch Bakterieneinwirkung aus organischen Stoffen ebenfalls CH_4, das dann auch als Sumpf- oder Klärgas bezeichnet wird. Methan ist brennbar und mit Luft explosibel. In Sümpfen wurden und werden nachts brennende, kleine blaue Methanflämmchen oft als Geistererscheinungen gefürchtet. Industriell hat CH_4 als Bestandteil des Leuchtgases eine außerordentliche Bedeutung. Erdgas wird heute in Leitungen über große Entfernungen in die Städte gebracht.

C_2 *Äthan* 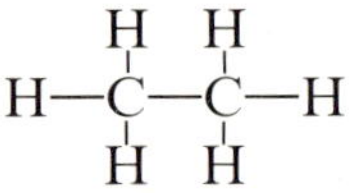 Summenformel C_2H_6

Die Eigenschaften dieses Gases gleichen weitgehend dem Methan, es kommt ebenfalls im Erdgas vor.

C_3 *Propan* 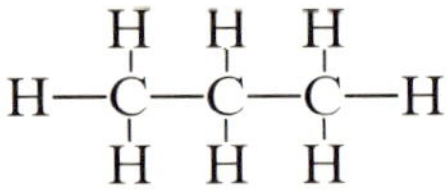 Summenformel C_3H_8

C_4 *Butan* 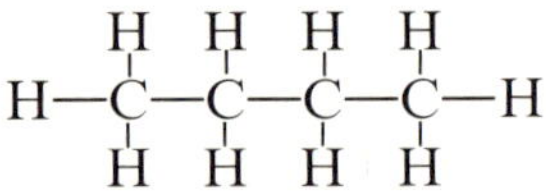 Summenformel C_4H_{10}

Die beiden Gase Propan und Butan werden unter hohem Druck in Stahlflaschen gepreßt, wodurch sie flüssig werden. Sie sind wegen ihrer Brennbarkeit als Camping- und Haushaltsgas im Handel.

Pentan 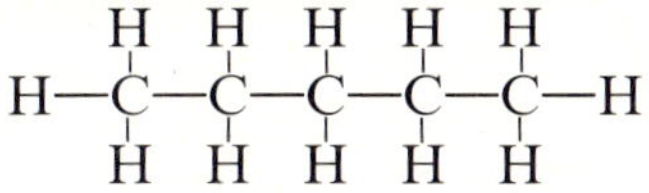 Summenformel C_5H_{12} *C_5*

Mit der länger werdenden Kette wird das Molekül schwerer, es verdampft nicht mehr so leicht. Bei Zimmertemperatur sind deshalb Pentan und die folgenden Paraffine nicht mehr gasförmig, sondern flüssig. Der Siedepunkt von Pentan, das als *Lösungsmittel* (Petroläther) in Gebrauch ist, liegt bei + 36°. Ähnlich verhält sich

Hexan 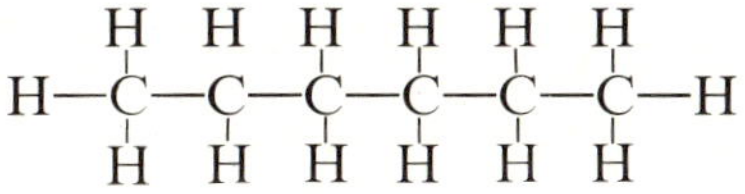 Summenformel C_6H_{14} *C_6*

Heptan 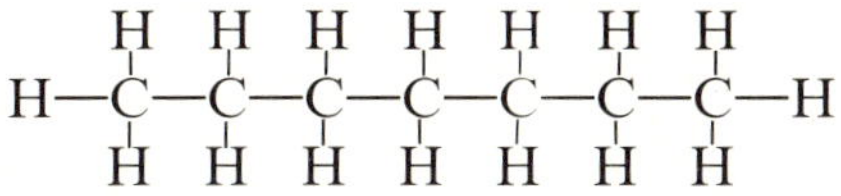 Summenformel C_7H_{16} *C_7*

Oktan 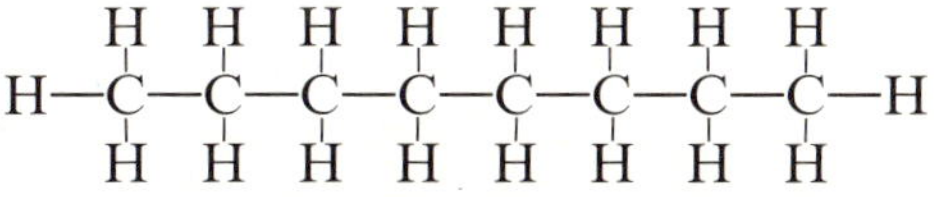 Summenformel C_8H_{18} *C_8*

Die leichtflüssigen Substanzen Heptan und Oktan sind zusammen mit den beiden nächsthöheren Paraffinen Nonan und Dekan Bestandteile *C_9* des *Benzins*. Superbenzin unterscheidet sich beispielsweise durch den *C_{10}* höheren Gehalt an Oktan vom Normalbenzin.

Höhere Paraffine

Mit zunehmender Zahl von Kohlenstoffatomen und einer jeweils um das Doppelte plus 2 vermehrten Anzahl von Wasserstoffatomen steigt das Molekulargewicht, die Substanzen werden immer schwerflüssiger, zäher und schließlich fest. Es entstehen

$C_{11}H_{24}$ bis $C_{16}H_{34}$ *C_{11-16}*
Dieselöle und *Petroleum*, leichtflüssige Öle

$C_{17}H_{36}$ bis $C_{20}H_{42}$ *C_{17-20}*
Heizöl und *Schmieröle*, schwerflüssige Öle.

$C_{21}H_{44}$ bis $C_{40}H_{82}$ *C_{21-4}*

Paraffine mit diesen langen Ketten sind infolge des weiter angestiegenen Schmelzpunktes bei Raumtemperatur bereits *fest*. Es handelt sich um Stoffe wie *Paraffin*, nach dem die ganze Reihe den Namen hat, und *Vaseline*. Mit steigender Zahl von Kohlenstoffatomen in der Kette gelangt man schließlich zum *Asphalt*.

Alle diese Stoffe sind, wie gesagt, im *Erdöl* enthalten. Daraus geht bereits die weltweite Bedeutung dieses Rohstoffes hervor. Um die einzelnen Kohlenwasserstoffe aus dem Paraffingemisch, wie es im Erdöl vorliegt, zu trennen, bedient man sich der *fraktionierten Destillation*. Dabei wird das Rohöl langsam erhitzt, so daß entsprechend dem verschiedenen Siedepunkt nacheinander die einzelnen Stoffe abdampfen. Zunächst, bei 30–70°, sieden die Petroläther. Bei 70–150° folgt Benzin, danach bei 150–250° Dieselöl. Weitere Teilprodukte, sogenannte Fraktionen, sind dann die Heizöle und Schweröle. Zurück bleibt eine schwarze, klebrige Masse aus Paraffin, Vaselin und Asphalt, die nur unter besonderen Bedingungen weiter aufgetrennt werden können. Da Benzin das begehrteste Produkt ist, wendet man ein besonderes Verfahren an, um davon mehr zu erhalten. Zu diesem Zweck werden die größeren Moleküle durch Hitzeanwendung zerlegt, so daß aus Kohlenstoffketten von C_{16} bis C_{20} solche von C_8 bis C_{10}, also hochwertiges Oktan und ähnliche, entstehen. Dieses Verfahren wird *Crack-Prozeß* genannt.

> Aus Erdöl entstehen durch fraktionierte Destillation die verschiedenen Paraffine, vor allem brennbare Gase, Benzin, Dieselöl, Heiz- und Schmieröl. Als Rückstand bleiben Paraffin, Vaseline und Asphalt.

Kohlenwasserstoffketten der Paraffinreihe sind bis hinauf zu 70 C-Atomen bekannt. Diese großmolekularen Paraffine haben jedoch eine kleinere Bedeutung.

Ungesättigte Kohlenwasserstoffe

Durch Wegnahme von Wasserstoffatomen aus den Verbindungen der Paraffinreihe entstehen Doppelbindungen. Alle Stoffe, die auf diesem Weg entstehen und sich von dem entsprechenden Paraffin durch eine Doppelbindung unterscheiden, sind leicht reaktionsfähig und bilden unter Anlagerung von fremden Atomen ölartige Produkte, die der ganzen Familie den Namen *Olefine*, Ölbildner, gegeben haben.

Das einfachste Olefin entsteht aus dem Äthan, hat die Formel C_2H_4 und heißt *Äthylen*, Es soll hier stellvertretend für die ganze Reihe genannt werden.

Von den mehrfach ungesättigten Kohlenwasserstoffen hat das *Acetylen* C_2H_2 als wichtiger chemischer Grundstoff die größte Bedeutung. Es ist außerordentlich reaktionsfreudig und explodiert mit Luft. Acetylen ist wie Äthylen ein Gas.

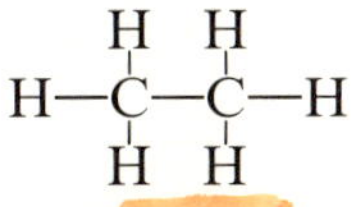

Äthan

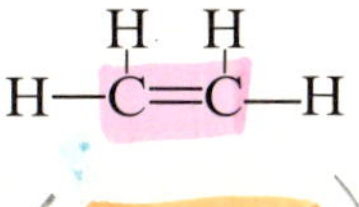

Äthylen (Äthen)

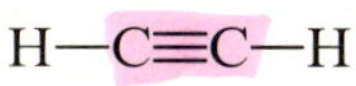

Acetylen (Äthin)

Die Oxydationsprodukte der Kohlenwasserstoffe

Alkohole

Die *OH-Gruppe,* die in der anorganischen Chemie zur Kennzeichnung von Laugen dient, hat auch in der organischen Chemie eine besondere Bedeutung. Allerdings ist sie hier im Molekül so fest eingebaut, daß es nicht zu Dissoziation und damit auch nicht zur Laugenbildung kommt. Der OH-Rest dient vielmehr zur Erkennung einer besonderen Stoffklasse, der Alkohole.

Der Eintritt eines Sauerstoffatomes bedeutet eine Oxydation. Entsprechend können die Paraffine durch eine solche Oxydation in Alkohole umgewandelt werden, wenn an einer oder mehreren Stellen im Molekül ein H-Atom durch eine OH-Gruppe ersetzt wird. Zu jedem Paraffin gibt es also einen Alkohol. Einfache Alkohole besitzen nur eine OH-Gruppe, *mehrwertige* Alkohole haben soviel OH-Gruppen, wie sie wertig sind.

Wenn es zu jedem Paraffin einen Alkohol gibt, so könnte man genau wie in der Paraffinreihe eine Alkoholreihe bilden. Dies ist tatsächlich der Fall, von Bedeutung sind allerdings nur die niedrigen Alkohole. Von ihnen sollen nun einige einwertige besprochen werden.

Alkohole sind Paraffinreste mit OH-Gruppen

Einwertige Alkohole

*C*1 *Methanol* (Methylalkohol) 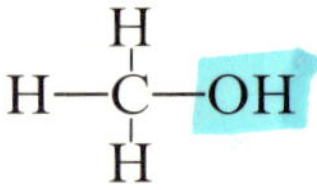 *Summenformel* CH_3OH

Abgeleitet vom Methan, wird dieser Alkohol auch Methanol genannt. Er ist eine farblose, wäßrige Flüssigkeit und *giftig*. Der Genuß kann zu Erblindung führen.

*C*2 *Äthanol* (Äthylalkohol) 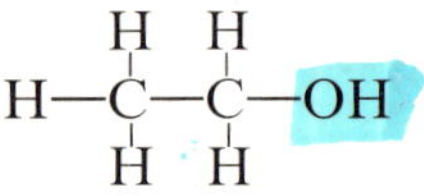 *Summenformel* C_2H_5OH

Dieser bekannteste Alkohol stammt vom Äthan; er kommt in den alkoholischen Getränken vor und entfaltet die bekannte Rauschwirkung, bei übermäßigem Genuß einen narkoseähnlichen Schlaf. Darüber hinaus ist der Äthylalkohol auch ein *Desinfektionsmittel*, wobei die stärkste keimtötende Wirkung bei einem Prozentgehalt von 70 Teilen Alkohol und 30 Teilen Wasser erreicht wird. Um den Alkohol, der zur Desinfektion verwendet wird, nicht als Genußmittel nehmen zu können und damit auch Steuer zu hinterziehen, wird er mit einem Zusatz von ungenießbaren Stoffen wie dem ungiftigen Methyl-äthyl-keton *vergällt*. Früher verwendete man Methanol. Dadurch sind schon schwere Vergiftungen vorgekommen. Weitere Verwendungszwecke sind als *Konservierungsmittel* und zur Lösung von Pflanzenextrakten und Arzneimitteln, sogenannte *alkoholische Lösungen*. Solche Lösungen sind leichter als wässrige, so daß ein Gramm nicht aus 20–25, sondern 40–50 Tropfen besteht. Diese Tatsache kann bei der Verordnung von Arzneimitteln in Tropfen sehr wichtig werden. Alkohol ist schließlich noch *hygroskopisch*, das heißt wasserentziehend. Da auf diese Weise Wasser entfernt wird und der statt dessen vorhandene Alkohol rasch verdunstet, wird dadurch eine Trocknung erreicht, beispielsweise bei Gewebsschnitten zur histologischen Untersuchung.

*C*3 *Propanol* (Propylalkohol) C_3H_7OH und
*C*4 *Butanol* (Butylalkohol) C_4H_9OH haben eine geringe Bedeutung.

Sie werden für Wasch- und Desinfektionszwecke verwendet. In unreinen, minderwertigen alkoholischen Getränken kommen sie als „Fuselöle" vor und tragen zur schlechten Verträglichkeit dieser Getränke bei.

Die höheren einwertigen Alkohole, wie Pentyl-, Hexyl- oder Heptylalkohol, spielen nur eine untergeordnete Rolle.

Mehrwertige Alkohole

Äthylenglykol 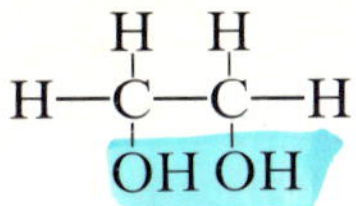 Summenformel $C_2H_4(OH)_2$

Dieser einfachste zweiwertige Alkohol ist eine dickflüssige, süßlich schmeckende Substanz mit niedrigem Gefrierpunkt, die als *Frostschutzmittel* Verwendung findet.

Glycerin 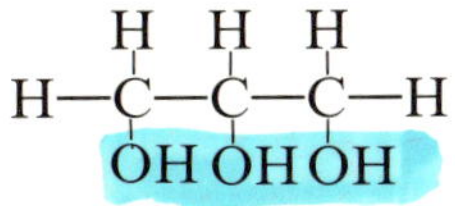 *Summenformel* $C_3H_5(OH)_3$

Als dreiwertiger Alkohol ist Glycerin ein weitverbreiteter und wichtiger Grundstoff. In Reinform findet die dickflüssige und süßliche Substanz als *Frostschutz*mittel und zur *Hautpflege* Verwendung. In Verbindung mit Salpetersäure entsteht der Sprengstoff *Nitroglycerin*, der seinerseits zur Herstellung von Dynamit dient. Zusammen mit Fettsäuren bildet Glycerin die Fette (s. Seite 98).

Aldehyde

Aus den Kohlenwasserstoffen der Paraffinreihe ist durch einfache Oxydation die Reihe der Alkohole entstanden. Werden diese nun noch weiter oxydiert, so entsteht die Reihe der *Aldehyde*. Wie früher ausgeführt wurde, braucht eine Oxydation nicht aus Zufuhr von Sauerstoff zu bestehen, sondern kann auch durch Wegnahme von Wasserstoff erreicht werden. Diese Art von Oxydation liegt beim Übergang von Alkoholen in Aldehyde vor. Weil Wegnahme von Wasserstoff *De*hydrierung heißt, leitet sich das Wort Aldehyd von *Al*kohol *dehyd*rogenatus ab. Zu jedem Paraffin gibt es also einen Alkohol und ein Aldehyd, von denen die wichtigsten kurz besprochen werden sollen.

Formaldehyd 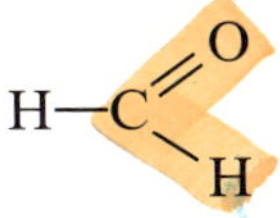 Summenformel HCHO *C_1*

ist das einfachste Aldehyd, entstanden aus fortlaufender Oxydation von Methan über Methylalkohol. Es ist ein stechend riechendes Gas, das zu chemischen Bestimmungsreaktionen verwendet wird. Die Lösung von

Formaldehyd in Wasser, das *Formalin*, fällt Eiweiß aus und wirkt stark desinfizierend.

C_2 *Acetaldehyd*

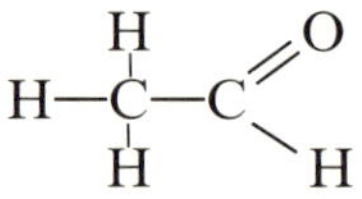

Summenformel CH_3CHO

Entstanden aus Äthan über Äthylalkohol, ist es ein wichtiges Zwischenprodukt vieler chemischer Reaktionen.

$C_{3,4}$ *Propionaldehyd* C_2H_5CHO und *Butyraldehyd* C_3H_7CHO gehören zu aromatisch duftenden Blütenstoffen.

Die höheren Aldehyde stellen weniger wichtige Verbindungen dar.

Aus der Verbindung vieler Aldehydmoleküle untereinander können große Molekülketten gewonnen werden. Die entstehenden Stoffe haben besondere Eigenschaften, vor allem Festigkeit und Beständigkeit gegenüber Chemikalien. Unter Einwirkung von Aldehyden entstehen die *Kunstharze* wie Bakelit oder Galalith und die Kunstharzlacke.

> Aldehyde mit der charakteristischen Gruppe 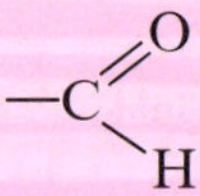 entstehen aus der Oxydation von Alkoholen.

Karbonsäuren

Durch stufenweise Oxydation war aus den Paraffinen zunächst Alkohol und danach Aldehyd entstanden. Die nächstfolgende Reihe von Stoffen, die bei weiterer Oxydation entsteht, ist die Fettsäurereihe. Da aber nur die höheren Säuren eigentliche Fettsäuren sind, verwendet man besser den Ausdruck *Karbonsäuren*. Sie werden auch *organische Säuren* genannt.

Die Karbonsäuren unterscheiden sich durch eine sehr wesentliche Eigenschaft von den vorhergehenden Oxydationsprodukten. Sie färben Lackmus rot und bilden mit Laugen Salze, verhalten sich also genau wie anorganische Säuren. Das bedeutet, daß diese Substanzen *dissoziieren* und demnach im Gegensatz zu den meisten organischen Verbindungen *Elektrolyte* sind.

> Kennzeichnende Gruppe der Karbonsäuren ist die *Karboxylgruppe* —COOH, anders geschrieben 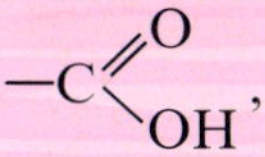, die beim Dissoziieren in die Ionenanteile $—COO^-$ und H^+ zerfällt.

Kommen in einer Formel mehrere Karboxylgruppen vor, so können auch mehrere H^+-Ionen mit Laugen reagieren. Solche Verbindungen werden *mehrbasische Säuren* genannt.

Hydroxylsäuren enthalten neben einer oder mehreren Karboxylgruppen noch eine oder mehrere OH-Gruppen.

Die weitere Oxydation der Karbonsäuren ergibt schließlich als nächste Stufe CO_2 und H_2O. Solche Oxydationsreihen laufen häufig im Organismus des Menschen ab, wenn Energie gewonnen werden soll (sogenannte Verbrennung im Körper) oder wenn störende Produkte in die leicht auszuscheidenden Substanzen CO_2 und Wasser umgewandelt werden müssen. Die Tatsache, daß bei Oxydationen Wärme bzw. Energie entsteht, ist für das Leben der Warmblüter (Säugetiere, Mensch) von entscheidender Bedeutung.

Einfache Karbonsäuren

Ameisensäure 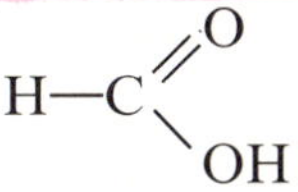 Summenformel HCOOH *C_1*

Diese einfachste organische Säure ist aus der stufenweisen Oxydation von Methan über Methylalkohol und Formaldehyd hervorgegangen. Die stechend riechende Flüssigkeit hat ihren Namen von dem Vorkommen in den Giftdrüsen der Ameisen, findet sich aber auch bei Wespen und Bienen und in den Brennstacheln der Brennesseln.

Essigsäure 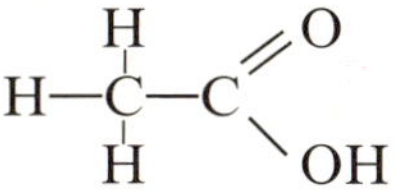 *Summenformel* CH_3COOH *C_2*

Es ist eine bekannte Tatsache, daß Wein beim Stehen an der Luft *sauer* wird. Ursache dieser Ansäuerung ist der Übergang von Äthylalkohol in Essigsäure unter Einwirkung von überall vorkommenden Bakterien, die ein entsprechendes Ferment produzieren. Dieses Ferment wirkt als Katalysator, ohne den die Reaktion nicht abläuft.

Essig, wie er im Haushalt verwendet wird, ist eine ca. 5%ige Lösung von Essigsäure in Wasser. Weinessig enthält Essigsäure so, wie sie aus der Oxydation des Alkohols entstanden ist, und damit auch eine Reihe von Aroma- und Duftstoffen. *Eisessig* ist konzentrierte Essigsäure.

Propionsäure	C_2H_5COOH
C_{3-5} *Buttersäure*	C_3H_7COOH
Valeriansäure	C_4H_9COOH

sind die nächsthöheren Glieder in der Kette der Karbonsäuren. Viele haben, wie Ameisen- und Essigsäure, einen stechenden Geruch und kommen bei Gärungsprozessen vor.

Mehrbasische Karbonsäuren Dikarbonsäuren Polykarbonsä
Trikarbonsäuren

Oxalsäure $\begin{array}{c} COOH \\ | \\ COOH \end{array}$ Summenformel $(COOH)_2$

Diese einfachste zweibasische Säure ist ein Oxydationsprodukt des Alkohols Glykol:

$$\begin{array}{l} CH_2OH \\ | \\ CH_2OH \end{array} + O_2 = \begin{array}{l} COOH \\ | \\ COOH \end{array} + 2H_2$$

Glykol + Sauerstoff = Oxalsäure + Wasserstoff

Die Salze der Oxalsäure, die im *Klee* vorkommen, erscheinen bei bestimmten Krankheitszuständen auch im Urin.

Malonsäure $H_2C\begin{array}{l} \diagup COOH \\ \diagdown COOH \end{array}$

Bernsteinsäure $\begin{array}{c} COOH \\ | \\ H-C-H \\ | \\ H-C-H \\ | \\ COOH \end{array}$ Summenformel $HOOC-CH_2-CH_2-COOH$

stammen von den nächsthöheren Alkoholen ab. Eine Verknüpfung von Malonsäure mit Harnstoff ergibt die *Barbitursäure*, deren Abkömmlinge wichtige Schlafmittel sind. Von der Bernsteinsäure leiten sich ihrerseits einige wichtige Hydroxysäuren ab:

Weinsäure (Di-hydroxy-bernsteinsäure, Acidum tartaricum)

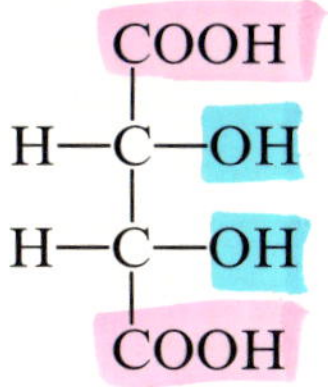

Summenformel HOOC—CHOH—CHOH—COOH

Weinsäure kommt hauptsächlich in Form ihres Kaliumsalzes als *Weinstein* vor, dabei ist ein H-Atom am COOH durch ein K-Atom ersetzt. Am anderen COOH ist keine Substitution[1]) vor sich gegangen, hier ist noch ein Säurerest frei. Weinstein heißt deshalb Kalium-hydrogen (für Wasserstoff) -tartrat (vom lateinischen Namen der Säure). Deutsch könnte man auch sagen: Saures Kaliumsalz der Weinsäure.

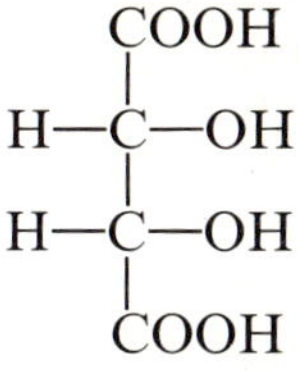

Weinsäure

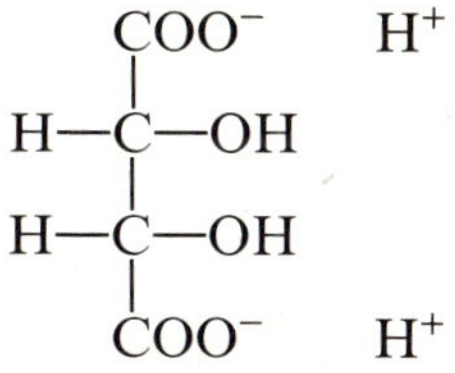

Weinsäure
dissoziierte Form

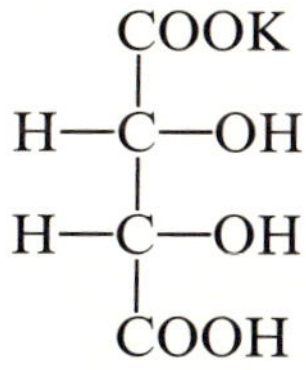

Kalium-hydrogen-tartrat
(Weinstein)

Zitronensäure

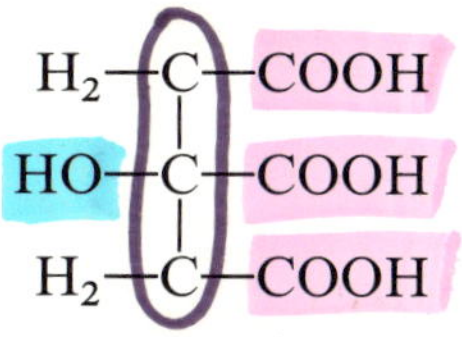

Die dreibasische *Zitronensäure* kommt in den entsprechenden Früchten vor und verleiht ihnen den bekannten säuerlichen Geschmack. Sie kann als weißes Pulver auch künstlich hergestellt werden und wird in dieser Form häufig statt frischer Früchte in Limonaden u. ä. verwendet. Sie ist nicht identisch mit dem Vitamin C, der anders gebauten *Ascorbinsäure*.

---

[1]) Substitution: Ersatz eines dissoziierenden Atoms oder einer ganzen Gruppe durch gleichwertige andere.

Kondensationsprodukte

Äther

Bei den Äthern sind zwei Kohlenwasserstoffe unter Verlust je eines Wasserstoffatoms über eine Sauerstoffbrücke miteinander verbunden

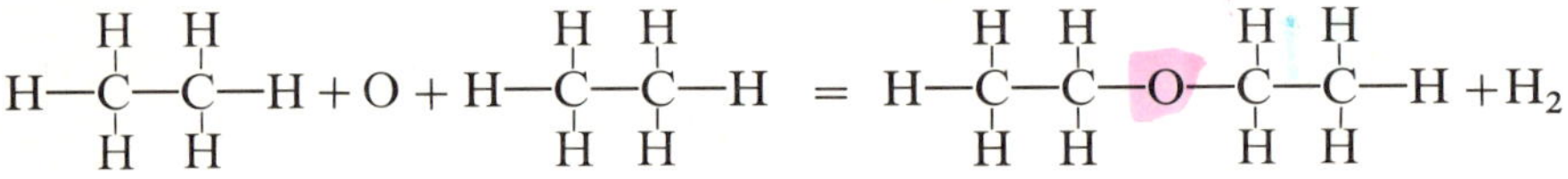

Äthan + Sauerstoff + Äthan = Diäthyläther + Wasserstoff

> Alkohol + Alkohol − H_2O = Äther
> Kennzeichen einer Ätherbindung: R—O—R

Die Konstruktion eines Äthers nach der obigen Formulierung ist lehrbuchmäßig zu verstehen. Diäthyläther entsteht normalerweise aus zwei Molekülen Äthylalkohol C_2H_5OH.

In der obigen Gleichung tritt zum ersten Mal eine der auf den ersten Blick sehr kompliziert erscheinenden chemischen Bezeichnungen auf, die bei großen Molekülen den Ausdruck eines chemischen Bandwurmes annehmen können und von den Aufdrucken auf Medikamentenschachteln bekannt sind. Dabei lassen sich diese Bezeichnungen leicht entschlüsseln. Im obigen Beispiel wäre die Basis der „Äther". Das Wort „diäthyl" kennzeichnet die Entstehung aus zwei (di-) Äthylresten, den Grundbestandteilen des Äthans. Entsprechend wurde früher bereits der Methylrest, der von Methan stammt, erwähnt.

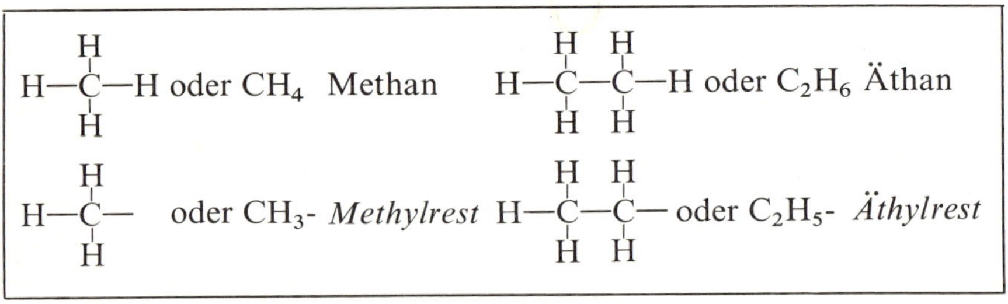

Aus dem bisher Gesagten geht hervor, daß der Name „Äther" ein *Gattungs*begriff für eine ganze Reihe von chemischen Substanzen ist.

In der allgemeinen Umgangssprache ist allerdings fast immer der Diäthyläther gemeint.

Diäthyläther, dessen charakteristischer Geruch bekannt ist, verdunstet sehr leicht und wirkt dadurch auf die Umgebung kühlend. Wegen ihrer Brennbarkeit können Ätherdämpfe zu Explosionen führen. Äther löst sich kaum in Wasser, dagegen leicht in Alkohol, Benzin und Benzol. Er ist ein gutes Lösungsmittel für Fett. Bekannt ist die Verwendung als *Narkosemittel*; wegen der nachfolgenden Übelkeit werden aber zunehmend andere Stoffe verwendet.

Ester

Ester sind keine weiteren Oxydationsprodukte der Paraffinreihe, der Name bezeichnet vielmehr nur eine *bestimmte chemische Bindung*.

Die Verbindung eines Alkohols mit einer organischen oder anorganischen *Säure heißt Ester*.

Die Bezeichnung der entstehenden Produkte ist sehr einfach: Man nennt die Säure und den Alkohol und fügt „Ester“ an. Viele einfache Ester sind Aromastoffe, zum Beispiel:

Ameisensäure-äthyl-ester – Aroma von Rum und Johannisbeeren
Essigsäure -äthyl-ester – Aroma von Birnen und Erdbeeren
Propionsäure -äthyl-ester – Aroma von Pfirsichen und Mirabellen
Buttersäure -äthyl-ester – Aroma von Ananas und Bananen.

Die bekanntesten Ester sind *Fette* und *Öle*, die sich aus dem Alkohol *Glycerin* und verschiedenen Fettsäuren zusammensetzen.

Für die Esterbildung gilt generell folgende Formel:
Veresterung: Alkohol + Säure = Ester + Wasser.

Alkohol + Säure – H_2O = Ester

Der umgekehrte Prozeß, der durch Zugabe einer Lauge erreicht werden kann, heißt *Verseifung*.

Verseifung: Ester + Wasser = Alkohol + Säure   ist das die entgegengesetzte Reaktion
(unter Einwirkung einer Lauge, die auch mit der entstehenden Säure reagiert:
Säure + Lauge = Salz)
insgesamt also:
Ester + Wasser + Lauge = Alkohol + Salz

Seifen

Die Ester des Alkohols *Glycerin* und höherer *Fettsäuren* spalten sich bei Zugabe von Natronlauge und Wasser, anders ausgedrückt: Der Glycerinfettsäureester wird verseift. Es entstehen der Alkohol Glycerin und die Fettsäure, die nun mit der Natronlauge weiter reagiert unter Salzbildung. Das Ergebnis ist ein *Alkalisalz einer höheren Fettsäure,* die Seife.

Als Alkali kann man auch Kalilauge nehmen, dann entstehen die Schmierseifen.

$$\begin{matrix}\text{Glycerin}\\ \text{Fettsäure}\end{matrix}\text{ester} + NaOH + H_2O = \text{Glycerin} + \begin{matrix}\text{Natrium}\\ \text{Fettsäure}\end{matrix}\text{salz (= Seife)}$$

Die reinigende Wirkung der Seife beruht nicht so sehr auf chemischen Reaktionen als auf ihrer Schaumbildung und der großen Oberfläche, wodurch Schmutzteilchen einerseits abgelöst, andererseits von dem Schaum aufgenommen und weggespült werden. Da die Seife aus einer starken Lauge und der nur schwachen Fettsäure entsteht, reagiert sie *alkalisch*, färbt also Lackmus blau.

Funktionelle Gruppen

In der organischen Chemie gibt es häufig wiederkehrende Strukturen, die zudem meist charakteristische Eigenschaft bedingen. Aufgrund dieser Funktion nennt man sie *funktionelle Gruppen.* Einige davon sind im Folgenden aufgeführt. Bei großen Molekülen, wie es beispielsweise oft Arzneimittel sind, kann der Name des Grundgerüstes mit seinen durch Zahlen bezeichneten „Ecken" und den daran angehängten funktionellen Gruppen zur Charakterisierung des Stoffes dienen (s. Beispiel „Effortil" auf S. 119).

$-CH_3$	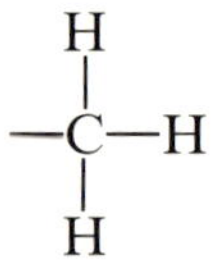	*Methylgruppe* Rest aus dem Methanol
$-C_2H_5$	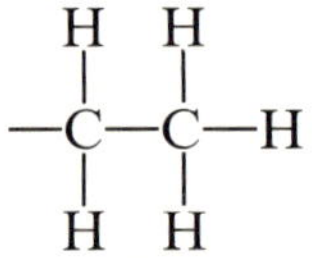	*Äthylgruppe* Rest aus dem Äthanol

$-\overset{\vert}{\underset{\vert}{C}}-OH$	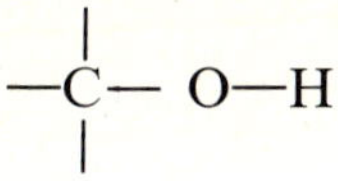	*Hydroxylgruppe* Kennzeichen organischer Alkohole
$-CHO$	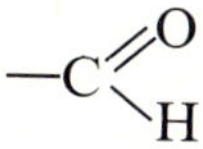	*Aldehydgruppe* entsteht aus Oxydation von Alkohol
$-COOH$	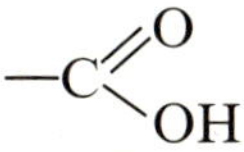	*Karboxylgruppe* Kenngruppe von Karbonsäuren
$>CO$	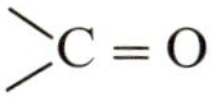	*Ketogruppe* auch Karbonyl- oder Oxogruppe
$-C_6H_5$	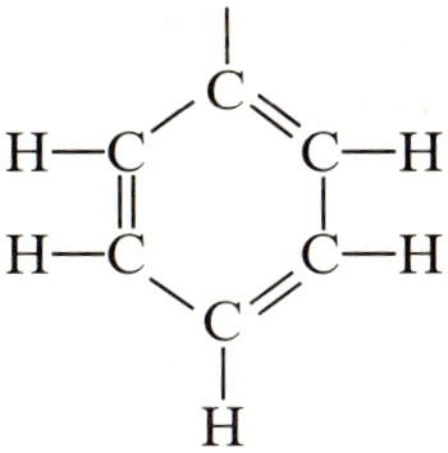	*Phenylrest* Benzolring weniger ein H-Atom
$-NH_2$	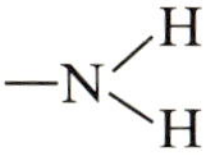	*Aminogruppe* Stickstoffgruppe mit dreiwertigem Stickstoff
$-NO_2$	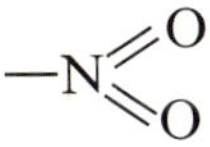	*Nitrogruppe* Stickstoffgruppe mit fünfwertigem Stickstoff

Die Nahrungsstoffe

Die wichtigsten Grundnahrungsstoffe – Eiweiß, Fett und Kohlenhydrate – sind organisch-chemische Verbindungen. Die Aufbereitung und Verwertung im Stoffwechsel sind chemische Reaktionen, die zum größten Teil erst bei Anwesenheit eines Katalysators ablaufen. Diese Katalysatoren müssen also eine außerordentlich wichtige Funktion ausüben. Sie sind als *Enzyme* oder, was dasselbe ist, Fermente bekannt und werden vom Körper selbst erzeugt.

Die enzymgesteuerten chemischen Reaktionen beginnen bereits bei der Aufbereitung der Nahrung durch den Speichel im Mund, setzen sich im Magen und Dünndarm fort und erreichen dort ihren Höhepunkt. Zahlreiche Drüsen, von denen Leber und Bauchspeicheldrüse die wichtigsten sind, beteiligen sich an der Produktion und Lieferung der Enzyme. Durch ihre Einwirkung werden die Nahrungsstoffe in kleine Bruchstücke zerlegt, welche dann durch die Darmwand in das Blut aufgenommen werden können und dadurch in die Leber als „chemische Fabrik“ des Körpers und an andere Verwertungsstellen gelangen. Dort erfolgt nun einerseits der Aufbau körpereigener Substanzen aus diesen Grundbausteinen, also von Muskel- und Knochengewebe, Blutkörperchen usw.; andererseits dienen die zugeführten Substanzen als „Betriebsstoff“ für die aus Oxydationen bestehende innere Verbrennung. Bei dieser werden zugeführte Nahrungsstoffe über das Blut mit dem Sauerstoff der Luft zusammengebracht, der über die Lungen in den Kreislauf gelangt ist. Als Endprodukt der sogenannten *inneren Atmung* entstehen neben der erwünschten Energie (Wärme) Kohlendioxid und Wasser. Andere Endprodukte wie Harnstoff oder Harnsäure werden mit dem Urin, Kohlendioxid über die Lungen mit der Atmung ausgeschieden. Alle vorkommenden Reaktionen zu besprechen, würde den Rahmen dieses Buches sprengen. Deshalb sollen nur einige wesentliche Grundstoffe kurz dargestellt werden.

Kohlenhydrate

Kohlenhydrate bestehen nur aus den Elementen Kohlenstoff, Wasserstoff und Sauerstoff. Dabei ist immer doppelt soviel Wasserstoff wie Sauerstoff im Molekül enthalten. Die einfachsten Vertreter der Kohlenhydrate sind die *Zucker* oder *Saccharide*. Aus ihnen setzen sich die Doppel- oder Mehrfachzucker durch einfache Aneinanderreihung zusammen, bis schließlich die langen Ketten der *Polysaccharide* oder Vielfachzucker entstehen. Der Aufbau der mit der Nahrung zugeführten Zucker im Organismus geht dabei den umgekehrten Weg, hier werden die Vielfachzucker durch Fermente in kleinere Bruchstücke gespalten und schließlich bis zu Einfachzuckern zerlegt. Die jeweiligen Enzyme heißen bis auf die Endsilbe genauso wie die Zucker, die sie spalten. Unterscheidungsmerkmal ist nur die Endung -ose für die Zucker und -ase für die Fermente.

So wird beispielsweise der Zucker Maltose durch das Enzym Maltase gespalten.

Zucker brauchen nicht immer süß zu sein, alle aber sind hochwertige Nahrungsmittel. Sie werden im Körper ohne Rückstand zu CO_2 und Wasser oxydiert oder dienen als Baustoffe.

Die chemische Formel der Zucker kann als Ketten- oder Ringformel aufgefaßt werden. Grundstruktur ist entweder eine Reihe von sechs (Traubenzucker) oder fünf (Fruchtzucker) Kohlenstoffatomen, die mit Sauerstoff zu einem Ring geschlossen sind und an denen bei Fruchtzukker noch eine CH_2OH-Gruppe hängt. Insgesamt sind also jeweils sechs C-Atome und 6 O-Atome vorhanden, die den einfachen Zuckern nach dem griechischen Wort hex = 6 und der Endung -ose auch den Namen *Hexosen* gegeben haben.

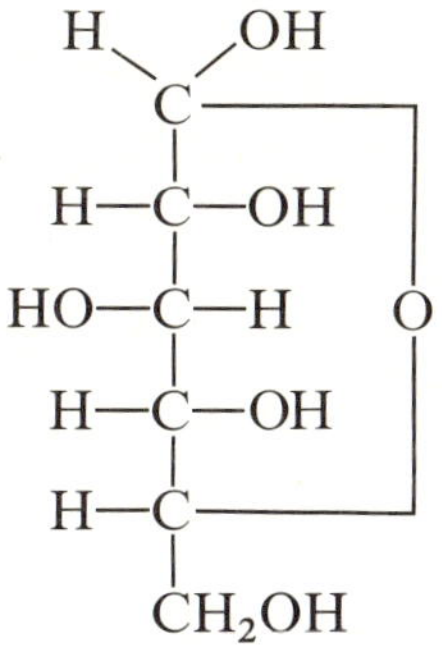

Traubenzucker $C_6H_{12}O_6$

Eine besondere Eigenschaft vieler Zucker ist die *Ablenkung polarisierten Lichtes* (Abb. 17). Man nennt danach diese Zucker *links-* oder *rechtsdrehend.* Diese Drehung ist ein wichtiges Unterscheidungsmerkmal, da viele Zucker chemisch sonst außerordentlich ähnlich sind. Frucht- und Traubenzucker haben beispielsweise dieselbe *Summen*formel $C_6H_{12}O_6$, drehen aber nach der entgegengesetzten Richtung.

Ursache der verschiedenen Drehrichtung ist ein sogenanntes asymmetrisches C-Atom, das ist ein C-Atom, an dem vier verschiedene Gruppen hängen. So ist unter anderem das oberste C-Atom der obigen Traubenzuckerformel asymmetrisch, an ihm hängen die Gruppen

—H
—OH
—O—
—CHOH—

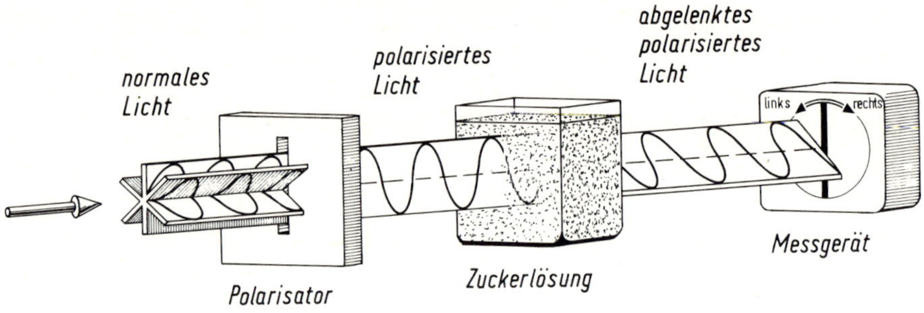

Abb. 17. Schematische Darstellung der Ablenkung polarisierten Lichtes.
Ein Lichtstrahl (Pfeil) schwingt normalerweise in zahlreichen Ebenen. Einige Stoffe (z. B. Kristalle), genannt Polarisator, lassen nur noch Licht hindurchtreten, das in einer bestimmten Ebene schwingt. Verschiedene Substanzen – hier eine Zuckerlösung – sind imstande, die Ebene des polarisierten Lichtes nach links oder rechts zu drehen. Mit Hilfe eines Meßgerätes kann diese Ablenkung genau festgestellt werden. Kommt ein Stoff in einer rechts- und linksdrehenden Form vor, so nennt man die Mischung beider Komponenten *Racemat*.

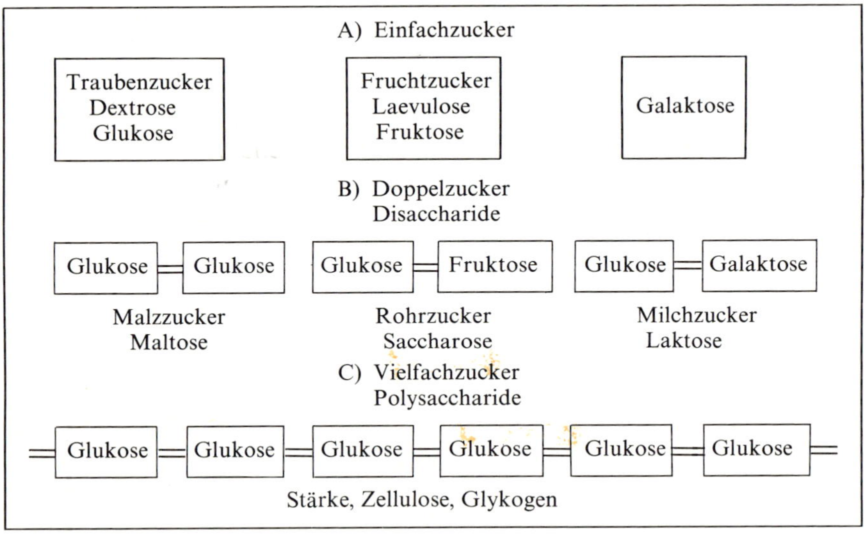

Einfachzucker

Traubenzucker

Der wegen seiner rechtsdrehenden Wirkung auch *Dextrose* (lat. dexter = rechts) genannte Traubenzucker ist als weißes, schwach süßes Pulver allgemein bekannt. Obwohl er nur $^{3}/_{4}$ so süß wie Rohrzucker ist, trägt er von dieser Eigenschaft (griechisch glykos = süß) her auch noch den Namen *Glukose*. Der deutsche Name rührt von seinem Vorkommen in den Weintrauben, er ist aber auch in vielen anderen Früchten enthalten.

Von den Kohlenhydraten, die im Stoffwechsel des Menschen eine Rolle spielen, ist Traubenzucker das wichtigste. Er entsteht aus dem Abbau der meisten Polysaccharide und geht, wenn er in reiner Form zugeführt wird, ohne Abbaustufen schnell ins Blut über. Traubenzucker wird deshalb als rasch wirkendes Stärkungsmittel bei Schwerkranken über eine Infusion oder bei Schwerarbeitern als zusätzliche Leistungssteigerung oral zugeführt. Zahlreiche Nähr- und Kräftigungsmittel, die unter wohlklingenden Namen an den Mann gebracht werden, bedienen sich letzten Endes dieser natürlichen Wirkung.

Im Stoffwechsel des Organismus wird Traubenzucker unter Abgabe von Energie zu CO_2 und Wasser verbrannt oder zu dem Speicherstoff des menschlichen Körpers, dem *Glykogen*, aufgebaut. Dabei fügen sich unter der enzymähnlichen Wirkung des Hormons Insulin zahlreiche Glukosemoleküle zusammen. Glykogen ist also ein Polysaccharid. Fehlt Insulin, so ist nicht nur der Aufbau zu Glykogen, sondern auch der Abbau zu CO_2 und Wasser gestört. Es kommt deshalb zu einer Überschwemmung des Organismus mit Glukose und durch die pathologischen Abbauprodukte zur Säurebildung, die schließlich im azidotischen diabetischen Koma schwere Krankheitsbilder verursacht. Dabei wird Traubenzucker in Mengen bis zu 50 oder 100 Gramm täglich im Urin ausgeschieden.

Fruchtzucker

Dieses Monosaccharid, das wegen seines Vorkommens in Früchten und Honig auch den Namen *Fruktose* trägt, unterscheidet sich vom Traubenzucker durch die linksdrehende Wirkung und leitet von dieser Eigenschaft den Namen *Laevulose* ab. Es wird im Stoffwechsel des Menschen über andere Enzyme abgebaut als der Traubenzucker und belastet daher die gestörten Funktionen des Diabetikers kaum.

Eine besondere Eigenschaft von Glukose und Fruktose ist ihre Fähigkeit, andere Verbindungen zu *reduzieren*. Darauf beruhen mehrere Nachweismethoden, die auf Seite 109 angegeben werden.

Doppelzucker

Rohrzucker

Der aus Zuckerrohr oder Rüben gewonnene Rohrzucker oder, wie er auch genannt wird, die *Saccharose*, besteht aus einem Molekül Glukose und einem Molekül Fruktose:

$$C_6H_{12}O_6 + C_6H_{12}O_6 = C_{12}H_{22}O_{11} + H_2O$$

$$\text{Glukose} + \text{Fruktose} = \text{Rohrzucker} + \text{Wasser}$$

Rohrzucker ist der allgemein im Haushalt verwendete Zucker. Er hat *keine* reduzierende Wirkung. Versetzt man ihn jedoch unter Erhitzen mit etwas Säure (die danach wieder neutralisiert wird), so spaltet er sich in seine beiden Bestandteile und weist dadurch wieder reduzierende Eigenschaften auf. Die beiden Anteile, flüssige Fruktose und körnige Glukose, werden Invertzucker genannt und sind nichts anderes als *Kunsthonig*. Reiner *Bienenhonig* besteht ebenfalls (zu ca. 70%) aus Invertzucker.

Andere Doppelzucker wie Maltose oder Laktose weisen im Gegensatz zu Rohrzucker wieder reduzierende Fähigkeiten auf.

Vielfachzucker

Stärke, Zellulose und Glykogen

Die Aneinanderfügung vieler, Hunderter bis Tausender Glukosemoleküle zu langen Ketten ergibt die Polysaccharide Stärke und Zellulose, die sich im Aufbau sehr ähneln und die gemeinsame Formel $(C_6H_{10}O_5)_x$ haben. x bedeutet dabei die Anzahl der Glukosemoleküle.

Stärke und Zellulose sind *Pflanzenprodukte*, die von der Natur in Form jedes Baumes, jedes Grases, überhaupt jedes grünen Gewächses hergestellt werden. Im Gegensatz dazu ist die künstliche Produktion noch nicht gelungen und wegen der großen Menge natürlicher Rohstoffe auch nicht notwendig. Zellulose ist als Faserstoff das Bauelement der Pflanzenwelt, Stärke ist ein Speicherstoff. Kartoffeln, Reis und Mais enthalten über $^2/_3$ Stärke, die im Gegensatz zu Zellulose vom menschlichen Körper verdaut, das heißt über Fermente zu Malzzucker und weiter zu Traubenzucker abgebaut werden kann. Auf dieser Tatsache beruht die gesamte Landwirtschaft, die im wesentlichen auf die Erzeugung von Stärke in Form der verschiedensten landwirtschaftlichen Produkte ausgerichtet ist. Zellulose dagegen, im Organismus nicht verwertbar, findet ihre Bedeutung bei der Herstellung von *Zellstoff* und *Papier*. Als Grundstoff dazu dient meist Holz, das 50% Zellstoff liefert.

Im Gegensatz zu den ebengenannten Speicherstoffen der Pflanze ist Glykogen eine Speichersubstanz bei Mensch und Tier. Glykogen ist ebenfalls ein Polysaccharid. Es wird in der Leber aus Glukose aufgebaut (unter Einfluß des Hormons Insulin) und kann in fast allen Körperzellen nachgewiesen werden, vor allem in den Muskeln und in der Leber.

Übersicht über die wichtigsten Polysaccharide
Zellulose – Baustoff der Pflanze
Stärke – Speicherstoff der Pflanze
Glykogen – Speicherstoff von Mensch und Tier

Nachweisen läßt sich Stärke durch ihre Reaktion mit Jod, wobei eine tiefblaue Farbe entsteht. Zellulose gibt diese Reaktion nicht.

Assimilation (Abb. 18)

Wie eben erwähnt wurde, ist die künstliche Herstellung von Stärke und Zellulose praktisch noch nicht möglich; alle Lebewesen sind also auf die Produktion dieser Stoffe durch Pflanzen angewiesen. Es gehört zu den großen Wundern der Natur, daß dieser wichtige Vorgang auf einer ganz einfachen chemischen Gleichung beruht und sich allereinfachster Grundstoffe bedient. Alles, was zur Herstellung von Traubenzucker als Grundstoff der Polysaccharide nötig ist, sind Kohlendioxid, Wasser, Sonnenlicht und das Blattgrün der Pflanze. Produktionsstätte

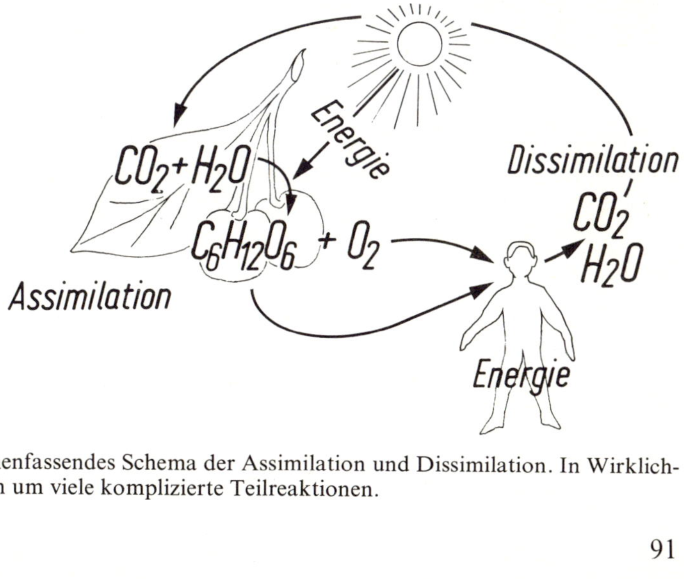

Abb. 18. Zusammenfassendes Schema der Assimilation und Dissimilation. In Wirklichkeit handelt es sich um viele komplizierte Teilreaktionen.

ist dabei jedes Blatt und überhaupt jeder Anteil von Pflanzen, der Blattgrün (*Chlorophyll*) enthält. Kohlendioxid steht als Bestandteil der Luft und Wasser als Bestandteil des Bodens überall zur Verfügung, wo Pflanzen wachsen – besser ausgedrückt: Pflanzen gedeihen nur dort, wo ihnen die genannten Grundbedingungen geboten werden. Das Blattgrün, dessen künstliche Herstellung vor kurzem erstmals gelang, gehört damit zu den lebenswichtigen Substanzen von Mensch und Tier, die auf die Herstellung der Polysaccharide durch Pflanzen angewiesen sind. Man nennt den Vorgang *Assimilation*, die Gleichung lautet

$$6\,CO_2 + 6\,H_2O + \text{Sonnenlicht} = C_6H_{12}O_6 + 6\,O_2$$

Bei der Assimilation entsteht neben Traubenzucker, der weiter zu Stärke und Zellulose aufgebaut wird, auch *Sauerstoff*.

Dissimilation

Bei der Assimilation wird aus einfachen Grundstoffen Kohlenhydrat aufgebaut, wobei Sauerstoff frei wird. Dieser Vorgang läuft nur im Blattgrün der Pflanzen ab, Energiequelle ist das Sonnenlicht.

Der gegenteilige Prozeß, also der Abbau von Kohlenhydrat unter Verbrauch von Sauerstoff und Freiwerden von Energie, findet bei Menschen, Tieren und Pflanzen zur Aufrechterhaltung der Lebensvorgänge statt. Der Vorgang heißt Dissimilation und wird bei Pflanzen auch Atmung, bei Menschen und Tieren *innere Atmung* genannt. Beim Abbau eines Moleküls Glukose wird genausoviel Energie frei, wie zu seinem Aufbau erforderlich war. Letzten Endes kommt demnach alle unsere Lebensenergie vom Sonnenlicht.

Obwohl auch Pflanzen atmen, überwiegt während der Tagesstunden die Assimilation und damit die Produktion von Sauerstoff. Parkanlagen in Großstädten sind deshalb nicht nur angenehm, sondern als „grüne Lunge“ einer Stadt auch notwendig zur Kompensation der vielen Sauerstoffverbraucher wie Menschen, Automotoren und Fabriken.

Gärung

In Anwesenheit von bestimmten Fermenten zersetzen sich Kohlenhydrate, sie *gären*. Das wichtigste Ferment ist die *Zymase*, die in *Hefe* enthalten ist. Sie zerlegt Kohlenhydrate in *Alkohol* und *CO_2*.

$$C_6H_{12}O_6 \xrightarrow[\textit{Alkoholische Gärung}]{\text{Zymase}} 2\,C_2H_5OH + 2\,CO_2$$

Die alkoholische Gärung ist die Grundlage zur Herstellung von Wein, Bier und anderen alkoholischen Getränken. Dabei wird in jedem Fall Zucker (beim Wein aus Weintrauben, beim Bier aus Malz) durch Hefe zu Äthylalkohol vergoren. Der Vorgang dauert einige Tage bis Wochen und verläuft unter heftiger Schaumbildung durch das Kohlendioxid. Mit zunehmendem Alkoholgehalt stirbt die Hefe ab und bleibt als Bodensatz liegen. Es gelingt aus diesem Grund nicht, mehr als 20% Alkohol zu erzielen. Konzentriertere Getränke wie Weinbrand oder Liköre werden durch Destillation des Weines erhalten. Sekt ist Wein, dem nach fertiger Gärung noch etwas Zucker zugesetzt wird, der dann in der Flasche gärt und den bekannten CO_2-Gehalt verursacht.

Unter Gärung versteht man nicht nur die alkoholische Gärung. So kann zum Beispiel die Milch unter Entstehung von Milchsäure gären, oder es kann sich bei ungenügender Verdauungstätigkeit im Darm des Menschen ein solcher Vorgang abspielen.

Verhütet wird die Gärung, wenn man die Fermente abtötet. Dies gelingt durch Erhitzen (Apfelsaft) oder durch chemische Stoffe wie die Benzoesäure. Solche Methoden werden *Konservieren* genannt. Sie sind nötig, weil Hefe praktisch überall vorkommt und schlecht vermieden werden kann.

Eiweiß

Der entscheidende Unterschied der Eiweißkörper gegenüber den bisher aufgeführten organischen Substanzen ist die Einführung von *Stickstoff* in das Molekül. Dadurch entstehen Substanzen wie Harnstoff oder Aminosäuren.

Harnstoff

Ersetzt man im Molekül der Kohlensäure H_2CO_3 die beiden OH-Gruppen durch die Aminogruppe $-NH_2$, so entsteht der Harnstoff als das Diamid der Kohlensäure (amid = stickstoffhaltig).

$$O=C\begin{matrix} \diagup OH \\ \diagdown OH \end{matrix} \quad \textit{Kohlensäure}, H_2CO_3 \qquad O=C\begin{matrix} \diagup NH_2 \\ \diagdown NH_2 \end{matrix} \quad \textit{Harnstoff}, CO(NH_2)_2$$

Harnstoff erscheint als Abbauprodukt stickstoffhaltiger Nahrungsmittel im Urin des Menschen. Bei der Bestimmung unterscheidet man den Harnstoffgehalt und den Harnstoff-Stickstoff-Gehalt. Das Molekulargewicht (Summe der Atomgewichte) des Harnstoffs ist 60, davon beträgt der Stickstoffanteil 28. Grob gerechnet ist also die Hälfte des Harnstoffgewichtes Stickstoff.

Harnsäure

Dieser Stoff stammt ebenfalls aus dem Eiweißabbau, er wird beim Menschen in geringem Ausmaß ausgeschieden und nur bei *Gicht* in den Gelenken abgelagert. Die Summenformel des großen Moleküls ist $C_5H_4N_4O_3$.

Aminosäuren

Durch Einführung einer Aminogruppe in eine organische Säure entstehen Verbindungen, die an einem C-Atom die beiden Reste —COOH und $—NH_2$ besitzen.

Charakteristische Gruppe der Aminosäuren:

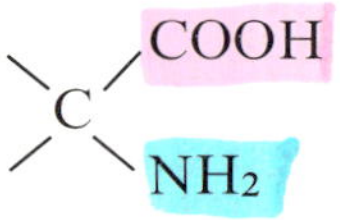

Beispiel einer Aminosäure ist das Alanin oder Leucin:

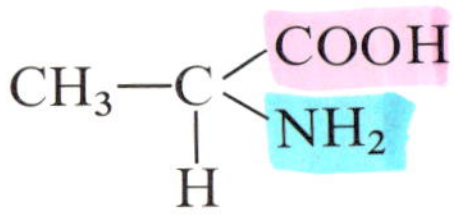

Alanin

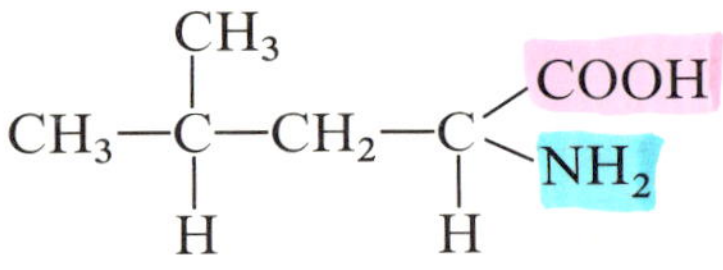

Leucin

Andere Aminosäuren enthalten Schwefelgruppen oder Ringverbindungen. Insgesamt gibt es etwa dreißig verschiedene solcher Substanzen. Einige davon braucht der Körper, kann sie aber selbst nicht herstellen. Man nennt sie die *essentiellen Aminosäuren.* Aminosäuren sind die Bausteine des Eiweißes. Sie fügen sich ähnlich wie die Zucker zu Zweier- Dreier- und Vielfachketten aneinander, die Di-, Tri- und Polypeptide genannt werden. Ketten über 20 heißen Peptone. Eiwciße schließlich können aus so viel Aminosäuren bestehen, daß ihr Molekulargewicht in die Millionen geht.

Nicht nur Tiere und Pflanzen besitzen verschiedene Eiweißstoffe, sondern sogar Menschen untereinander. Die Blutgruppen und der Begriff der Allergie beruhen auf dieser Tatsache. Alle diese unzähligen Variationen gehen aber nur auf die verschiedenartige Kombination und Anzahl der dreißig Grundelemente, der Aminosäuren, zurück.

Eiweiße sind die Träger des Lebens. Erbmerkmale, ja sogar Charaktereigenschaften beruhen letztlich auf der Art, in der einige Eiweißbausteine in den Chromosomen der Keimzellen aneinandergeknüpft sind. Keimschäden, zum Beispiel durch Röntgenstrahlen, beruhen auf der Änderung dieser Struktur. Besonders große Eiweißmoleküle kann man heute bereits elektronenmikroskopisch sichtbar machen und die Stellen bestimmen, die typischen Erbmerkmalen entsprechen. Siehe dazu die Anmerkungen unter dem Stichwort „Nukleoproteide".

Bei den vielen vorkommenden Eiweißarten unterscheidet man verschiedene Gruppen:

Einfache Eiweiße (Proteine)

Albumine, sehr schwefelhaltig, im Blutserum über 50% des Eiweißanteils. Lösen sich kolloidal in Wasser.

Globuline, ebenfalls im Blutserum, zum Beispiel in Form von *Gammaglobulin* als Träger immunologischer Abwehrstoffe.

Keratine, unspaltbar, als Horn, Fingernagel, Haar oder im Bindegewebe.

Aufgrund des gleichzeitigen Vorkommens von COOH- und NH_2-Gruppen im selben Molekül haben die Eiweiße, beginnend bei den Aminosäuren, besondere chemische Eigenschaften. Während —COOH die Kenngruppe organischer Säuren ist, hat die $—NH_2$-Gruppe alkalische Eigenschaften. Aminosäuren und Eiweiße sind demnach *zugleich Säuren und Laugen*. Man nennt dieses Verhalten *amphoter* (die Betonung liegt auf dem e). Gegenüber Säuren oder auch Laugen wirken die genannten Substanzen als Pufferlösungen, da zunächst saure bzw. basische Valenzen mit den jeweils entgegengesetzten Gruppen unter Salzbildung reagieren. Die Eiweißkörper des Blutes spielen aus diesem Grund eine wichtige Rolle bei der Aufrechterhaltung des pH-Wertes.

Zusammengesetzte Eiweiße (Proteide)

Nukleoproteide

Diese zusammengesetzten Eiweiße haben eine außerordentlich wichtige Aufgabe im Aufbau und bei der Teilung der Körperzellen. Zunächst muß ihre Zusammensetzung beschrieben werden.

Wir gehen zunächst von basisch reagierenden Purin- und Pyrimidinabkömmlingen (Formelbild S.118) aus, die sich mit einem Zuckerrest verbinden:

Base + Zucker ⟶ *Nukleosid*
zum Beispiel
Cytosin + Zucker ⟶ Cytidin
Guanin + Zucker ⟶ Guanosin
Thymin + Zucker ⟶ Thymidin
Adenin + Zucker ⟶ Adenosin

Als Zucker dienen dabei meist *Ribose* und *Desoxyribose*. Die entstandenen Nukleoside werden nun am Zuckeranteil mit einem Molekül Phosphorsäure verestert:

Nukleosid + Phosphorsäure ⟶ *Nukleotid*
zum Beispiel
Adenosin + Monophosphorsäure → Adenosinmonophosphat
Adenosin + Diphosphorsäure ⟶ Adenosindiphosphat (ADP)
Adenosin + Triphosphorsäure ⟶ Adenosintriphosphat (ATP)

ATP ist energiereicher als ADP. Die beiden Substanzen dienen dem Organismus sehr häufig als Energielieferanten (ATP → ADP + Energie) oder Energiespeicher (Energie + ADP → ATP) im Stoffwechsel.

Fügen sich nun viele Nukleotide zu Ketten zusammen, so entstehen Nukleinsäuren:

Zahlreiche Nukleotide ⟶ *Nukleinsäure*

Diese sind entweder unter Verwendung des Zuckers Ribose aufgebaut und heißen danach Ribonukleinsäuren (RNS) – sie kommen vor allem im Zytoplasma vor – oder unter Verwendung von Desoxyribose, wonach sie als Desoxyribonukleinsäuren (DNS) bezeichnet werden. Letztere kommen vor allem im Zellkern vor. Beide sind meist an Protein gebunden:

Nukleinsäure + Protein ⟶ *Nukleoproteide*

In den Nukleoproteiden liegen die Nukleinsäuren als lange Moleküle vor, wobei sich je 2 dieser Kettenmoleküle gegenseitig umschlingen und eine sogenannte Nukleinsäurehelix bilden (Abb. 19). Dabei sind die Basen derartig miteinander verbunden, daß einer bestimmten Base – wie bei Schloß und Schlüssel – immer nur eine ganz bestimmte andere als Partner dienen kann. Durch die Aufeinanderfolge der Basen eines Kettenmoleküls ist deshalb auch die Reihe der Basen in der angelagerten Nukleinsäure festgelegt. Durch die mögliche Vielfalt der Reihenfolge nur weniger Basen erklärt sich das Entstehen zahlreicher verschiedener Eiweiße.

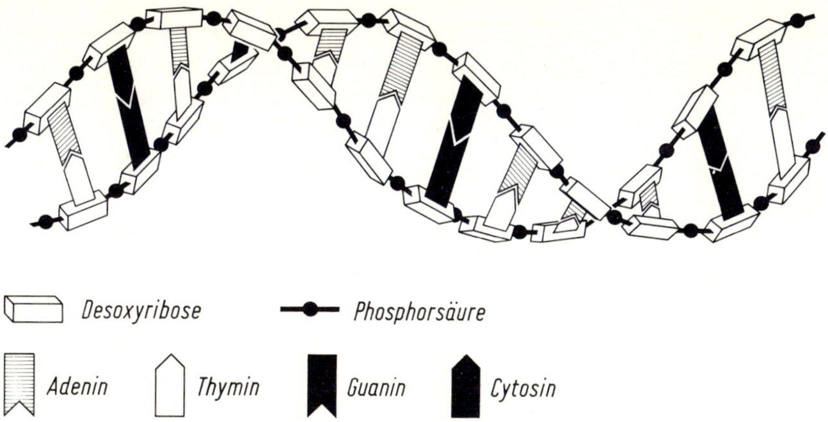

Abb. 19. Schematisches Modell einer Nukleinsäurehelix.

Bei der Vermehrung von Körperzellen spielen die in Kern und Plasma vorkommenden Nukleinsäuren eine wichtige Rolle. Die beiden Stränge der Helix trennen sich und dienen nun als Matritze zur Anlagerung neuer Eiweißbausteine, die sich entsprechend der gegebenen Anordnung genau so bilden, wie es das abgetrennte Stück gewesen ist (*identische Reduplikation*). Jede neue Helix besteht danach aus einer „alten" und einer „neuen" Hälfte.

Jede neue Körperzelle entsteht also aus einem Abklatsch bisher schon vorhandenen Zellmaterials. Man ist heute der Auffassung, daß auch alle *Erbmerkmale* so weitergegeben werden. Jeder Erbfaktor ist danach durch eine ganz bestimmte Folge von Basen in einem DNS-Molekül gekennzeichnet. Erbkrankheiten wären dann durch „Irrtümer" in dem Aufbau einer Nukleinsäure der Keimzellen verursacht.

Haemoglobin

Der Farbstoff der roten Blutkörperchen, *Haemoglobin* (Hb), ist ebenfalls ein zusammengesetztes Eiweiß. Der Eiweißanteil heißt Globin, der eisenhaltige Farbstoffanteil Häm. Haemoglobin reagiert unter Sauerstoffaufnahme zu Oxy-Haemoglobin (Oxy-Hb), der Transportform des Sauerstoffes im Blut. Besonders leicht reagiert Haemoglobin mit Kohlenmonoxid CO, und zwar 300mal leichter als mit Sauerstoff. Bei Vorhandensein von CO in der Atmosphäre bildet sich also leicht CO-Hb.

Diese Bindung ist irreversibel, das Hb fällt für den Sauerstofftransport aus und es kommt zur Erstickung (Kohlenmonoxid-Vergiftung). Weil Co-Hb hellrot ist, sehen so Vergiftete auffallend gerötet aus.

Auch CO_2 wird mittels des Hb transportiert, jedoch nicht durch Bindung an die Hämkomponente wie beim Sauerstoff, sondern an Aminogruppen des Proteinanteils.

Abbau des Eiweißes

Das mit der Nahrung zugeführte Eiweiß wird im Darm mit Hilfe von Fermenten wie Pepsin oder Trypsin in Aminosäuren aufgespalten, die durch die Darmwand in das Blut übergehen. In der Leber erfolgt aus diesen Grundstoffen der Aufbau körpereigenen Eiweißes. Da Eiweiß *nicht gespeichert* werden kann, folgt auf eine eiweißreiche Mahlzeit zwangsläufig eine heftige Verbrennung im Stoffwechsel. Man nennt dies die *spezifisch-dynamische Wirkung* der Eiweiße, die nach einer opulenten Mahlzeit in Form von Hitzegefühl deutlich zutage tritt. Abbauprodukte des Eiweißstoffwechsels sind Harnstoff, Harnsäure und Kreatinin.

Beim *Faulen* von Eiweiß, was bei gestörter Verdauung auch im Darm vorkommen kann, entstehen übelriechende stickstoffhaltige Substanzen. Beim Erwärmen, Versetzen mit Lauge oder durch Wirkung von Bakterien wird *Ammoniak*, NH_3, frei. Der Geruch ist von faulenden organischen Stoffen in Klärgruben bekannt. Das Gas NH_3 löst sich in Wasser nach der Formel $NH_3 + H_2O = NH_4OH$. Die entstehende Lauge wird ebenfalls Ammoniak genannt.

Auf der Tatsache, daß Eiweiß bei Temperaturen über ca. 43° gerinnt oder beim Versetzen mit Säure dieselbe Reaktion zeigt, beruhen einige *Nachweisreaktionen*. So fallen bei den Serumlabilitätsproben, ungenauer auch als „Leberteste“ bezeichnet, bei Zugabe von Säure die Eiweiße mehr oder weniger rasch als Schleier aus. Aus der Konzentration der Säure können Rückschlüsse auf die Eiweißkörper gewonnen werden (z.B. Thymoltrübungstest). Auf dem Gelbwerden von Eiweiß durch Salpetersäure beruht die Xanthoprotein-Reaktion (Xanthoprotein = „gelbes Eiweiß“).

Fette

Allgemein gesprochen sind Fette Ester aus höheren Fettsäuren und höheren Alkoholen. Sie können je nach Festigkeit oder Schmelzpunkt in Öle, Wachse, Trane, Talge und andere Kategorien eingeteilt werden. Fette kommen als Speicherstoffe im Tier- und Pflanzenbereich vor, haben aber auch wichtige Aufgaben als Baustoffe. Ein solches Beispiel sind Bienenwaben oder Schutzüberzüge von Blättern.

Die in der Ernährung des menschlichen Organismus wichtigen Fette leiten sich von Fettsäuren der C_{15}- bis C_{17}-Reihe ab, zum Beispiel der Stearinsäure $C_{17}H_{35}COOH$. Als Alkohol dient Glycerin. Es entstehen folgende Triglyzeride, auch Neutralfette genannt:

$$\begin{array}{lll} CH_2OH + \text{Fettsäure } C_{17}H_{35}COOH & = & CH_2{-}OOCH_{35}C_{17} + H_2O \\ | & & | \\ CHOH + \text{Fettsäure } C_{17}H_{35}COOH & = & CH\ {-}OOCH_{35}C_{17} + H_2O \\ | & & | \\ CH_2OH + \text{Fettsäure } C_{17}H_{35}COOH & = & CH_2{-}OOCH_{35}C_{17} + H_2O \\ \text{Glycerin} & & \text{Fett (Triglyzerid)} \end{array}$$

Glycerin + Fettsäuren = Fett + Wasser

Je nach Art der verwendeten Fettsäuren, die auch untereinander verschieden sein können, entstehen verschiedene Fette wie Butter, Tran oder Schmalz. Werden *ungesättigte* Fettsäuren eingebaut, so entstehen *Öle* wie Oliven- oder Sonnenblumenöl. Diesen ungesättigten Fetten werden besondere Stoffwechseleigenschaften beigemessen, so daß sie in der modernen Ernährungslehre einen bevorzugten Platz einnehmen. *Margarine* enthält häufig solche Fette und gehört daher zu den hochwertigen Nahrungsmitteln. Allerdings sollte eine gute Margarine nicht aus allzuvielen verschiedenen Fetten bestehen. Um manche Öle zu Margarine verarbeiten zu können, müssen sie durch Wasserstoffanlagerung (Hydrierung) gehärtet werden. Bei diesem Prozeß werden die Doppelbindungen durch den Wasserstoff zu einfachen Bindungen, die flüssigen Fette also fest. Allerdings gehen dadurch die wertvollen Eigenschaften vieler ungesättigter Fette verloren, so daß in der Ernährung durchaus Öle wie das Maiskeimöl verwendet werden sollen.

Kommen Fette längere Zeit mit Luft in Verbindung, so werden sie durch langsame Oxydation *ranzig*, und es bilden sich übelriechende Stoffe wie die Buttersäure. Manche Öle werden an der Luft fest.

Im menschlichen Organismus finden Fette als Baustoffe (Nierenkapsel u.a.) und Speicherstoffe (im Unterhautgewebe) Verwendung. Im Blut sind die Fette in Form einer Eiweiß-Fett-Verbindung als *Lipoproteine* zu finden. Fettanteile dieser Verbindung sind die Neutralfette, auch

Triglyzeride genannt (siehe oben) und die Phosphatide. Vergesellschaftet sind diese Stoffe mit dem chemisch andersartigen Begleitstoff *Cholesterin.*

Lipide ist der Sammelbegriff für alle Fettstoffe des Körpers. Sie unterteilen sich in reine Fette (Neutralfette) und fettähnliche Substanzen, die *Lipoide*. Zu diesen gehören zum Beispiel Phosphatide und Lezithin. Freie Fettsäuren sind eine bestimmte Transportform der Fette im Blut.

Der Abbau von Fetten im menschlichen Organismus ist nur möglich bei ungestörter Verwertung der Kohlenhydrate. Daher stammt der Satz, daß die „Fette im Feuer der Kohlenhydrate verbrennen". Von Bedeutung wird dies beim gestörten Stoffwechsel des Diabetikers, der deshalb besonders fett*arm* ernährt werden muß.

Lipoproteine

Wie eben ausgeführt, liegen die Fette im Blut in Form einer Fett-Eiweiß-Verbindung vor. Sie werden erst durch diese Bindung löslich. Fette ohne Eiweißbindung würden sich (wie Fettaugen auf der Suppe) absetzen und schon rein mechanisch kleine Blutgefäße verstopfen.

Gelangt Fett in reiner Form in den Blutkreislauf, zum Beispiel bei einem Knochenbruch, so kann es durch Verstopfen kleiner Blutgefäße zu der gefürchteten Fettembolie kommen.

Das Verständnis für die Einteilung und Bestimmung der Blutfette wird durch die verschiedenen Ordnungsprinzipien etwas erschwert. Man teilt ein

- *die Fetteiweißverbindungen* (Lipoproteine)
  nach ihrer Größe, dem Gewicht sowie der Wanderungsgeschwindigkeit im elektrischen Feld (Elektrophorese). Daraus ergibt sich eine Einteilung in *Chylomikronen, prae-beta-Lipoproteine, beta-Lipoproteine* und *alpha-Lipoproteine.*
- *die Fettanteile allein,*
  also herausgelöst aus ihrer Eiweißverbindung, nach ihrer chemischen Struktur. Danach unterscheidet man *Triglyzeride, Phosphatide* und *Cholesterin.*

Bestimmt ein Arzt beispielsweise nur den Cholesteringehalt im Serum, so ist im allgemeinen noch keine Aussage darüber möglich ob dieses Cholesterin aus Chylomikronen, prae-beta-Lipoproteinen oder einer sonstigen Fraktion stammt. Erst eine zusätzliche Lipoprotein-Elektro-

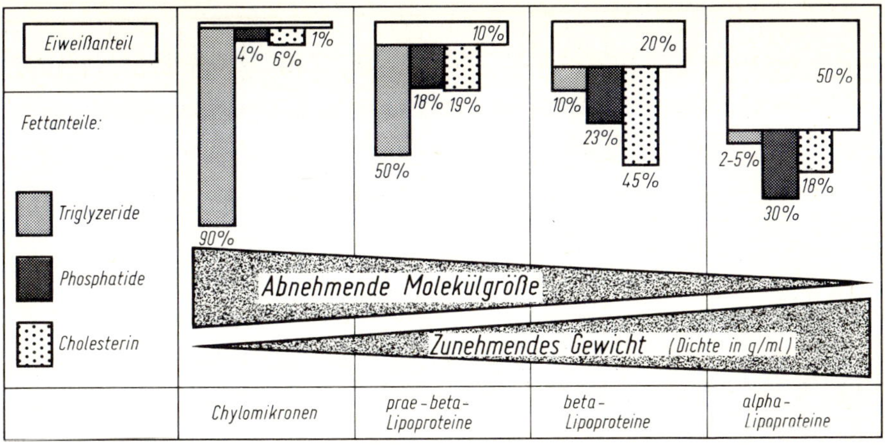

Abb. 20 Lipoproteine (alle Prozentangaben sind Richtwerte, die zusammen nicht genau 100 ergeben müssen).

phorese, in welcher die Blutfette in ihre Untergruppen zerlegt werden, schafft hier Klarheit. Neben der eben genannten Einteilung werden die Lipoproteine auch nach ihrem Gewicht (Dichte, s. Abb. 20) klassifiziert als very low density-(sehr kleines Gewicht), low density-(mittleres Gewicht) und high density-(schwere)Lipoproteine. Abkürzungen dafür sind VLDL, LDLP und HDLP.

Bei Krankheiten mit erhöhtem Fettgehalt des Blutes, den *Hyperlipoproteinämien*, kommen die vier verschiedenen Lipoproteine in unterschiedlicher Häufigkeit vor. Man unterteilt danach in die Typen I bis V, die hier kurz erwähnt werden sollen:

Typ I Chylomikronen im Nüchternplasma erhöht. Bereits im Kindesalter nachweisbar.

Typ II Beta-Lipoproteine vermehrt. Ebenfalls bereits im Kindesalter nachweisbar.

Typ III Triglyzeride und Cholesterin erhöht.

Typ IV Häufigste Form. Zunahme unter kohlenhydratreicher Kost. Vermehrt prae-beta-Lipoproteine. Da diese 50% Triglyzeride ride enthalten, sind vor allem diese erhöht, mäßig auch das Cholesterin.

Typ V Kombination von Typ I und IV, selten.

Klinische Chemie im Arbeitsbereich der Krankenschwester

Eine ausführliche klinische Diagnostik ist heute ohne den Einsatz chemischer Untersuchungsmethoden kaum mehr denkbar. Diese klinisch-chemischen Untersuchungsmethoden von Blut, Urin, Stuhl, Liquor und Sputum sind zum Teil außerordentlich kompliziert und werden von speziell ausgebildeten Kräften ausgeführt. Sie sollen im Rahmen dieses Buches nicht näher erläutert werden.

Darüber hinaus fallen im Rahmen der täglichen Stationsarbeit viele Vorgänge an, die auf chemischen Reaktionen beruhen. Ob ein Urin Zucker enthält oder ein Magensaft sauer ist, wird durch Methoden der Chemie geprüft. Die Prinzipien solcher Untersuchungen sollen hier kurz erläutert werden, weil das bessere Verständnis Fehlerquellen vermeiden hilft und zu genaueren Ergebnissen führt.

Allgemeines

Der Umgang mit Untersuchungsmaterial

Das Gelingen vieler Untersuchungsmethoden hängt davon ab, ob das Untersuchungsmaterial – Blut, Urin, Stuhl, Liquor usw. – richtig gewonnen und vorbereitet wird. Dazu sind einige Bemerkungen notwendig.

Blut

Die Abnahme von Blut erfolgt in der Regel durch den Arzt mittels Punktions einer Vene. Das gewonnene *Venenblut* gerinnt nach ungefähr fünf Minuten, dabei entsteht der Eiweißkörper *Fibrin*. Er bildet zusammen mit den Blutkörperchen am Boden des Gläschens den *Blutkuchen*, darüber setzt sich das leicht gelbliche *Serum* ab. Für die meisten Laboruntersuchungen wird dieses Serum gebraucht. Kann das Röhrchen mit dem abgenommenen Blut nicht gleich ins Labor gebracht werden, so besteht die Gefahr, daß beim längeren Stehen die roten Blutkörperchen zugrunde gehen. Dies bewirkt ein Freiwerden des roten Blutfarbstoffes, der in das Serum übertritt. Ein solches Serum ist *hämolytisch* und kann meist nicht mehr verwertet werden. Soll Blut also erst nach einiger Zeit ins Labor gebracht werden, so muß das Serum abgegossen oder besser abzentrifugiert werden. Die Erythrozyten werden dadurch aus dem Untersuchungsmaterial entfernt.

Für die Blutgerinnung ist die Anwesenheit von *Calcium*-Ionen erforderlich. Entfernt man diese, so kann trotz aller anderer Voraussetzungen das Blut nicht gerinnen. Diese Tatsache macht man sich zunutze, indem man *Natrium citrium* 3,8% zusetzt. Dieses Natriumcitrat, das Natriumsalz der Zitronensäure, bindet Calcium-Ionen und verhindert dadurch die Gerinnung. Citratblut, wie es für die Blutkörperchensenkungsreaktion und für Blutkonserven benötigt wird, bildet bei längerem Stehen ebenfalls einen Bodensatz von Blutkörperchen, die aber nicht durch Fibrin zu einem Blutkuchen verklebt sind und sich beim Umschütteln wieder verteilen. Die über den Blutkörperchen stehende helle Flüssigkeit enthält entgegen dem Serum gelöstes Fibrin und wird *Plasma* genannt. Citratblut erhält durch die Zugabe von Calcium-Ionen, zum Beispiel Calciumchlorid $CaCl_2$, sofort seine Gerinnungsfähigkeit wieder.

Blut kann für besondere Untersuchungen auch durch einen Stich in die Fingerbeere oder das Ohrläppchen abgenommen werden.

Einige Spezialuntersuchungen erfordern Blutabnahme in besonders vorbereitete Gläschen. Ein Überzug mit Paraffin schont die besonders empfindlichen Erythrozyten, ein Ausschwenken mit Heparin setzt die Gerinnungsfähigkeit herab.

Urin

Urin kann durch Kathetern, aus dem Strahl während der Entleerung oder durch Sammeln in einem Gefäß gewonnen werden. Sauberkeit ist hier oberstes Gesetz. Je nach Art der geplanten Untersuchung kann Zentrifugieren oder Versetzen mit Säure notwendig werden. Wichtig ist die Temperatur bei der Bestimmung des spezifischen Gewichtes. Die dazu verwendeten Meßspindeln sind im allgemeinen auf 15° geeicht, können für körperwarmen Urin also nicht ohne Umrechnung verwendet werden. Über die einzelnen Untersuchungsmethoden s. Seite 108–111.

Stuhl

Bei der Untersuchung des Stuhls auf Blut mittels Haemoccult®-Test darf der Patient vorher kein Vitamin C einnehmen. Einsendungen in die Bakteriologie bedingen sterile Gefäße und höchste Sauberkeit. Auf die Infektionsgefahr, besonders bei Hepatitis, wird hingewiesen.

Sputum

Sputum oder Auswurf, nicht mit Speichel zu verwechseln, wird zur Untersuchung auf Bakterien steril, sonst in flachen Schälchen zur mikroskopischen Beurteilung abgenommen.

Liquor

Rückenmarksflüssigkeit entnimmt der Arzt durch Punktion. Sterile Gefäße sind nur zur Einsendung an die bakteriologische Untersuchungsstelle notwendig. Frische Blutbeimengungen können abzentrifugiert werden; ältere bedingen durch Hämolyse eine rötliche Färbung, die sich nicht abzentrifugieren läßt.

Punktate

Alle Flüssigkeiten, die durch Punktion aus Körperhöhlen gewonnen werden (Aszites, Pleuraexsudat usw.), sind grundsätzlich aufzuheben, bis weitere Anordnungen getroffen werden. Immer muß die Menge, meist das spezifische Gewicht gemessen werden. Kleine Mengen davon (10 bis 20 ml) werden in der Regel auf zellige Bestandteile im Labor, sterile Proben in der bakteriologischen Untersuchungsstelle untersucht.

Der Umgang mit Chemikalien

Jedes Hantieren mit Chemikalien, seien sie scheinbar auch noch so ungefährlich, erfordert Sorgfalt, Sauberkeit und Genauigkeit. Besonders zu beachten ist das Gefäß, in dem chemische Substanzen aufbewahrt werden, und die Etikettierung. *Niemals dürfen Chemikalien in ungenau oder falsch beschriftete Gefäße getan werden*, und sei es auch nur für kurze Zeit. Da es keine allgemein bindenden Vorschriften für Flaschenform, Farbe des Etiketts und Art der Beschriftung gibt, werden leider zahlreiche Varianten der Kennzeichnung angetroffen. Häufig verwendet werden:

- schwarze Schrift auf rotem Etikett für äußerlich anzuwendende Substanzen,
- schwarze Schrift auf weißem Etikett für innerlich anzuwendende Substanzen,
- rote Schrift auf weißem Etikett für innerlich anzuwendende Substanzen mit besonderen Vorsichtsmaßregeln (Separanda),
- weiße Schrift auf schwarzem Etikett für Gifte.

Brennbarkeit

Viele Chemikalien sind feuergefährlich, allen voran der Äther. Flaschen mit Diäthyläther müssen daher stets gleich wieder verschlossen werden, da die entweichenden Dämpfe zu Explosionen führen können. Auch Benzin ist durch seine Dämpfe explosibel, Äthylalkohol über ca. 60% brennbar. Die genannten Substanzen dürfen deshalb, genau wie Sauerstoffflaschen, nicht in der Nähe der Heizung gelagert werden.

Empfindlichkeit

Substanzen wie Silbernitrat (Argentum nitricum) sind lichtempfindlich und müssen in dunklen Flaschen aufbewahrt werden. Bei Belichtung werden sie schwarz. Andere Chemikalien oxydieren, wenn sie nicht in ganz vollgefüllten Flaschen aufbewahrt werden, und verlieren dadurch an Wirksamkeit (fotografischer Entwickler). Viele Stoffe sind nur konzentriert haltbar und müssen stets neu angesetzt werden. Die entsprechenden Vorschriften sind jeweils genau zu beachten.

Unverträglichkeit

Säuren dürfen nicht mit Laugen verunreinigt werden, da sie unter Salzbildung ihre Stärke verändern. Konzentrierte Schwefelsäure nur in kleinen Mengen in Wasser gießen, nie umgekehrt, da sich sofort Hitze bildet und das Gemisch zum Kochen und Spritzen bringt. Fotografischer Entwickler wird durch das ebenfalls in der Dunkelkammer benötigte Fixierbad unbrauchbar, sauberstes Arbeiten ist daher beim Entwickeln von Röntgenfilmen notwendig. Manche Lösungen reagieren miteinander unter Ausfällen eines Salzes, deshalb Vorsicht beim Aufziehen mehrerer Medikamente in einer Spritze! Bildet sich ein Niederschlag, muß die Mischung verworfen werden. Zu beachten ist auch, daß sich ölige und wässerige Lösungen nicht mischen.

Untersuchung des Magensaftes

Allgemeine Anmerkung

Die Untersuchung des Magens erfolgt vorwiegend unter Anwendung von Gastroskopie (Magenspiegelung) mit Biopsie (Gewebsentnahme) und mittels Röntgendiagnostik. Für manche Zustände ist jedoch die Bestimmung des Säuregehaltes im Magensaft notwendig. Da diese Untersuchung ein besonders gutes Beispiel für die praktische Anwendung chemischer Reaktionen in der Medizin ist, wird sie hier ausführlich besprochen obwohl sie in der Klinik nur noch selten durchgeführt wird. Notwendig ist die Bestimmung des Säuregehaltes beispielsweise vor und nach operativer Durchtrennung des Vagusnerves, um den Effekt auf die Säureproduktion feststellen zu können.

Prinzip

Der Säuregehalt des Magensaftes wird durch Titration mit Natronlauge gemessen.

Ausführung

Durch eine Sonde wird bei nüchternem Patienten der Magensaft 3–4mal im Abstand von je 15 Minuten abgezogen und die Menge bestimmt. Das Ergebnis wird als BAO (basic acid output, Nüchternsekret) bezeichnet. Normal sind 2,5 (Frau) bis 3,5 (Mann) ml n/10 NaOH, entsprechend 2,5–3,5 mval Säure, pro Stunde.

Anschließend spritzt man ein säurelockendes Medikament (z.B. Pentagastrin).

Danach wird wieder 4–6mal in 15minütigen Abständen Magensaft abgesaugt. Durch Kongorotpapier stellt man fest, ob Säure vorhanden ist.

Bei Anwesenheit von Säure färbt sich Kongorotpapier blau.

Normalerweise steigen jetzt die Säurewerte an. Die hierdurch gewonnene Menge an Säure wird als MAO (maximal acid output, maximale Stimulation) bezeichnet. Man kann auch die Summe der beiden benachbarten größten 15-Minuten-Portionen mal 2 nehmen, dann spricht man von PAO (peak acid output, Spitzenproduktion an Säure). Normal sind 10–30 ml n/10 NaOH entsprechend 10–30 mval Säure.

Als Indikator nimmt man 4 Tropfen *Töpfers* Reagens (0,5%ige alkoholische Lösung von Methylorange) und 4 Tropfen 1%ige Phenolphthaleinlösung. Saurer Magensaft färbt sich damit rot an.

Dieser präparierte Magensaft wird nun tropfenweise mit n/10 NaOH versetzt, bis der Farbumschlag zu Gelb das Verschwinden freier H^+-Ionen anzeigt.

Durch die Reaktion $NaOH + HCl = NaCl + H_2O$ wurde der saure Magensaft neutralisiert.

Aus der Menge der verbrauchten Natronlauge kann jetzt der Säuregehalt errechnet werden.

Für die Praxis begnügt man sich mit der Angabe der NaOH-Menge. Ein Säurewert von 30 bedeutet also, daß 30 ml n/10 Natronlauge zur Neutralisation gebraucht wurden. Durch die Verwendung von Normallösungen kann dieser Wert auch direkt in milli-Äquivalent ausgedrückt werden, man spricht dann von 30 mval Säure.

Untersuchung des Urins

Eiweißnachweis

Viele einfache Nachweise von Eiweiß im Urin beruhen auf der Tatsache, daß die Proteine beim Ansäuern oder Erhitzen *gerinnen*. Es gibt verschiedene Untersuchungsmethoden, von denen hier nur einige gestreift werden sollen. Sehr genaue Nachweise, wie zum Beispiel der nach *Kjeldahl*, sind besonderen Labors vorbehalten und sollen hier nicht beschrieben werden.

Sulfosalizylsäureprobe

Zu einer kleinen Menge Urin, ca. 5 ml, werden 5 Tropfen 20%ige Sulfosalizylsäure zugefügt. Eine schleierartige Trübung, bei reichlicher Eiweißausscheidung eine Flockung, zeigt die positive Reaktion an. Es handelt sich hierbei um eine grob orientierende Probe.

Esbachsche Probe

Um die Menge des ausgeschiedenen Eiweißes messen zu können, wird bei der Probe nach *Esbach* dem Urin *Esbach*sches Reagenz zugefügt, das eine Ausfällung bewirkt. Nach einem Tag wird in dem Röhrchen, das eine Stricheinteilung nach ‰ zeigt, der Bodensatz mit Hilfe der Skala direkt als Eiweiß abgelesen. Die Methode ist zwar grob quantitativ, hat aber zahlreiche Fehlerquellen. Sie ist beispielsweise abhängig von der Temperatur und Salzkonzentration des Urins und wird durch viele Medikamente (Penicillin) sowie Harnsäure, Kreatinin und viele andere Stoffe beeinflußt.

Die Angabe in Promille ($^0/_{00}$) fordert außerdem die Kenntnis der Harnmenge in 24 Stunden, denn eine hohe Konzentration in wenig Urin kann genausoviel Eiweißausscheidung bedeuten wie eine niedrige Konzentration in viel Urin.

Bence-Jonesscher Eiweißkörper

Auf die Besonderheit dieses Eiweißes sei kurz hingewiesen. Es entsteht bei Plasmozytomen und wird im Urin ausgeschieden. Erhitzt man den Harn, so fällt das Eiweiß zunächst aus, löst sich dann aber bei steigender Temperatur wieder.

Teststreifen

Teststreifen werden nach Vorschrift des Herstellers kurzdauernd in den Urin eingetaucht und zeigen dann nach einer bestimmten Zeit eine Farbänderung. Es handelt sich um Indikatoren (s. S. 61), die bei Anlagerung von Eiweiß ihre Farbe verschieben wie dies sonst bei einer pH-Änderung der Fall ist. Die sehr einfache Methode hat ungefähr die Empfindlichkeit der Sulfosalizylsäureprobe. Falsch positive Reaktionen können durch lange abgestandenen Urin hervorgerufen werden, in welchem sich der pH-Wert in den alkalischen Bereich verschiebt.

Zuckernachweis

In der überwiegenden Mehrzahl der Fälle ist mit Zucker der *Traubenzucker* (Glukose) gemeint, der bei Zuckerkrankheit vermehrt ausgeschieden wird. Da die Bestimmung anderer Zucker (Fruktose, Galaktose) selten notwendig wird, beziehen sich die nachfolgend genannten Methoden nur auf Glukose.

Im Prinzip gibt es drei verschiedene Nachweismöglichkeiten: *Reduktionsproben, enzymatische* Methoden und *polarimetrische* Messungen.

Reduktionsproben

Die Fähigkeit des Zuckers, bestimmte Stoffe zu reduzieren (siehe Reduktion S. 33), wird zu seinem Nachweis verwendet. Die Reduktionsmethoden sind unspezifisch und erlauben keine Mengenangaben. Außer Glukose geben auch andere Zucker wie Fruktose, Laktose und Galaktose positive Befunde. Zum Verständnis des Prinzips werden hier zwei typische Reduktionsmethoden aufgeführt, obwohl diese Proben heute weitgehend verlassen sind.

Nylandersche Probe

Zur Vorbereitung sollte der Urin durch Kochen mit 5 Tropfen 10%iger Essigsäure CH_3COOH und anschließendes Filtrieren von etwaigen Eiweißbeimengungen befreit werden. Kleine Mengen davon bis etwa 2‰ nach *Esbach* stören noch nicht.

Die Probe besteht aus der Reduktion von Wismutsubnitrat zu metallischem Wismut.

Ausführung: 4 g Kalium-Natrium-tartrat und 2 g Wismutsubnitrat in 100 g 8%iger NaOH ergeben das *Nylander*sche Reagens. Der Urin wird mit $^1/_{10}$ seiner Menge an diesem Reagens versetzt und 2–3 Minuten gekocht. Schwarzfärbung zeigt das Entstehen von Wismutmetall und damit die positive Zuckerreaktion an.

Fehlingsche Reaktion

Zunächst sollte der Urin wie oben enteiweißt werden. Die Reaktion besteht aus der Reduktion von Kupfersulfat zu Kupferoxid. Dabei wird das im $CuSO_4$ zweiwertige Kupfer zum einwertigen des Cu_2O. Reduktion bedeutet hier nicht Zufuhr von Wasserstoff, sondern Wegnahme von Sauerstoff bzw. Übergang in eine niedrigere Wertigkeitsstufe.

Ausführung: Man benötigt zwei Lösungen:
Fehling I 7%ige Lösung von $CuSO_4$ in Wasser.
Fehling II 50 g NaOH und 173 g Kalium-Natrium-tartrat auf $^1/_2$ l Wasser.

Je 1 ml beider Lösungen wird zusammen in einem Röhrchen erhitzt und mit 2 ml heißem, enteiweißtem Urin zusammengegeben. Die ursprünglich tiefblaue Lösung verfärbt sich beim weiteren Erhitzen zu gelb und rot (der Farbe des Kupferoxids), wenn reduzierende Substanzen anwesend sind.

Enzymatische Methoden

Bestimmte Enzyme verändern Zucker zu Substanzen, die dann mit einem Farbindikator nachgewiesen werden können. Enzyme sind *substratspezifisch*, sie wirken nur auf einen ganz bestimmten Stoff. Glukose-spezifische Enzyme werden also bei anderen Zuckern nicht wirksam. Mehr über das Prinzip siehe bei Blutzucker.

Teststreifen

Teststreifen zum Nachweis von Glukose enthalten meist Glukoseoxidase und Peroxidase als Enzyme zusammen mit einem Farbindikator-

System. Ist Glukose anwesend, so wird sie durch Glukoseoxidase zu Glukonsäure und Wasserstoffperoxid (H_2O_2) umgesetzt. Dazu ist auch Luftsauerstoff nötig, die Teststreifen müssen also nach dem Eintauchen in den Urin *an die Luft gehalten* werden. Das Wasserstoffperoxid setzt sich mit dem Farbindikator um und entwickelt einen sichtbaren Farbstoff.

Die Methode ist halb quantitativ, bei positivem Ausfall ist je nach Farbton eine recht zuverlässige Aussage über die Konzentration der ausgeschiedenen Glukose möglich. Bei Kenntnis der Urinmenge kann sogar die ausgeschiedene Glukose in Gramm abgeschätzt werden.

Hohe Mengen von Ascorbinsäure (Vitamin C) und Harnsäure unterdrücken die Farbreaktion. Es muß auf Einnahme von Vitamin C durch den Patienten geachtet werden.

Polarimetrische Messungen

Glukose lenkt Licht im *Polarimeter* (S. 88) nach rechts ab. Durch besondere Konstruktion des Instrumentes kann bei polarimetrischen Messungen die Glukosemenge in Gramm direkt abgelesen werden.

Der Urin muß klar sein, Eiweißbeimengungen sind durch Ansäuern, Kochen und Filtrieren zu entfernen. Optisch ähnlich aktive Substanzen stören die Messung, ganz besonders Penicilline und Ampizillin.

Acetonnachweis

Unter bestimmten Umständen, vor allem im Coma diabeticum scheidet der Patient im Urin Aceton aus. Dessen Nachweis kann entscheidend für die Diagnose sein.

Legalsche Probe

Urin wird mit Natriumnitroprussidlösung (einige Tropfen) und starker NaOH versetzt, bis alkalische Reaktion auftritt. Die Rotfärbung der Lösung verschwindet nach Zugabe einiger ml konz. Essigsäure im normalen Urin und verstärkt sich bei Anwesenheit von Aceton.

Ein anderer, rascher Nachweis gelingt durch die Verfärbung einer *Test-Tablette* durch acetonhaltigen Urin.

Untersuchungen des Blutes

Die Untersuchung auf zelluläre Bestandteile (Blutkörperchen, Blutplättchen) ist, abgesehen von der Färbung, keine chemische Methode und soll hier nicht besprochen werden. Verwendet wird im chemischen Labor meist *Plasma* – welches nach Abzentrifugieren der Blutzellen verbleibt – oder *Serum*. Letzteres ist Blut ohne Zellen (also Plasma) und ohne Fibrin, es setzt sich beim Stehenlassen und Gerinnen von Blut als helle Flüssigkeit ab.

Soll frisch entnommenes Blut nicht gerinnen, so kann es mit Natrium citricum (Natriumzitrat) versetzt werden. Die für die Gerinnung notwendigen Kalziumionen werden dadurch gebunden. Spätere Zugabe von Kalziumsalzen stellt die Gerinnungsfähigkeit wieder her.

Eine vollständige Aufzählung der blutchemischen Untersuchungen soll im Rahmen dieses Buches nicht erfolgen. Anhand einiger typischer Beispiele wird lediglich gezeigt, in welchem Maß chemische Reaktionen an den Untersuchungen des Blutes beteiligt sind.

Enzymatische Nachweise

Die meisten Stoffwechselvorgänge des Organismus sind chemische Reaktionen, die nur bei Anwesenheit eines ganz bestimmten Enzyms ablaufen. Solche Enzyme sind *streng spezifisch*, das heißt, sie wirken nur auf einen genau definierten Stoff (das Substrat). Diese Eigenschaft kann man für Laboruntersuchungen in zwei Richtungen ausnützen: zur *Enzymbe-*

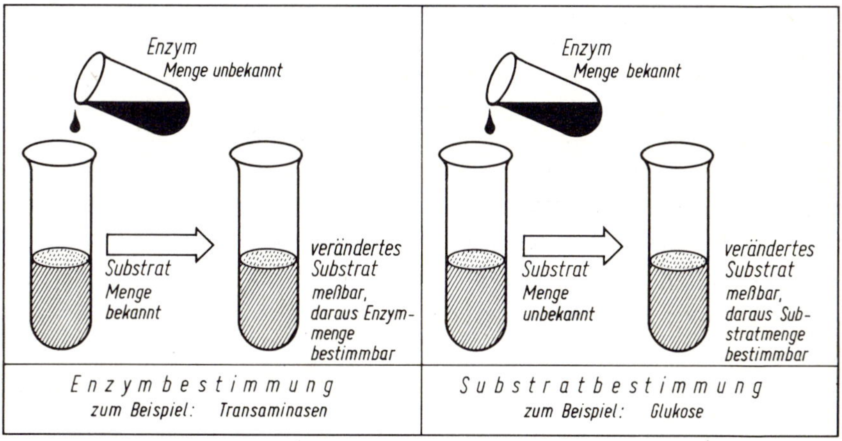

stimmung und zur *Substratbestimmung*. Dabei ist entweder die Menge des Enzyms bekannt und die Substratmenge gesucht oder umgekehrt.

Das nach einer bestimmten Zeit und bei einer bestimmten Temperatur entstehende veränderte Substrat wird entweder direkt bestimmt, oder man läßt damit eine *anschließende zweite chemische Reaktion* ablaufen. Deren Endprodukt wird mittels eines Photometers gemessen. In diesem Gerät kann Licht jener ganz bestimmten Wellenlänge erzeugt werden, die von der zu messenden Substanz (verändertes Substrat oder Produkt einer Zweitreaktion) absorbiert wird. Der Grad der Veränderung der Lichtintensität läßt auf die gesuchte Menge schließen.

Transaminasen

Als Beispiel soll hier das Enzym GOT dienen. GOT bedeutet Glutamat-Oxalazetat-Transaminase (SGOT = Serum-GOT); sie kommt vor allem in Leber- und Herzmuskelzellen vor und ist in den ersten Tagen nach Herzinfarkt sowie während der aktiven Phase von Hepatitis (Leberentzündung) erhöht. Normalwerte je nach Methode um 12–18 Einheiten.

GOT bewirkt eine Umsetzung von l-Aspartat + alpha-Ketoglutarat zu l-Glutamat + Oxalazetat. Letzteres führt in einer anschließenden Zweitreaktion zur Veränderung einer beigefügten Substanz, die im Photometer gemessen werden kann. Der erhaltene Wert steht im Verhältnis zur umgewandelten Menge Substrat, woraus die Höhe der GOT berechnet werden kann.

Alkalische Phosphatase

Hier handelt es sich ebenfalls um eine *Enzymbestimmung*. Die alkalische Phosphatase kommt normalerweise vor in Leber, Knochen und Darmwand. Bei Störungen des Galleabflusses und verschiedenen Knochenkrankheiten ist ihre Aktivität im Serum erhöht. Die Normwerte sind je nach Methode sehr unterschiedlich.

Phosphatasen spalten para-Nitrophenylphosphat zu Phosphat und para-Nitrophenol. Letzteres wird in dem Maß gebildet, in welchem Phosphatase anwesend ist. Es läßt sich mit Natronlauge gelb färben und dann im Photometer bestimmen. Eine Einheit (oder Unit, U) ist diejenige Enzymaktivität, die ein millionstel Mol (Molekulargewicht in Gramm) von para-Nitrophenylphosphat bei 37° Celsius zu para-Nitrophenol und Phosphat umsetzt.

Glukose

Der Nachweis von erhöhtem Blutzucker ist zur Diagnose und Überwachung von Zuckerkranken wichtig. Als Normalwert im Serum gelten 70–100 mg pro 100 ml (= mg%). In S.I.-Einheiten entspricht dies 4,0–5,5 mmol/l.

Im Gegensatz zu den beiden ebengenannten Beispielen soll hier das *Substrat* unter Verwendung einer bekannten Enzymmenge gemessen werden. Dabei kann man verschiedene Enzyme verwenden, immer ist jedoch zuvor das Blut *eiweißfrei* zu machen.

Bestimmung mittels Glukose-Oxidase (GOD)

$$\text{Glukose} + O_2 + H_2O \xrightarrow{\text{GOD}} \text{Glukonsäure} + H_2O_2$$

Das bei dieser Reaktion entstehende Wasserstoffperoxid H_2O_2 reagiert anschließend mit einer Benzthiazolin-Sulfonsäureverbindung zu einem blaugrünen Farbstoff, dessen Intensität mit zunehmender Glukosekonzentration steigt und der im Photometer gemessen wird. Bei einer anderen, ähnlichen Methode wirkt H_2O_2 auf o-Dianisidin ein unter Bildung eines rotbraunen Farbstoffes. Messung im Photometer wie oben.

Hexokinase-Methode

$$\text{Glukose} + \text{ATP} \xrightarrow{\text{Hexokinase}} \text{Glukose-6-Phosphat} + \text{ADP}$$

(ATP = Adenosintriphosphat, ADP = Adenosindiphosphat)

Hier entsteht zunächst Glukose-6-Phosphat, welches in einer anschließenden Zweitreaktion umgesetzt wird. Die entstehende Substanz wird gemessen und daraus die ursprüngliche Glukosemenge berechnet.

Die enzymatischen Methoden zur Glukosebestimmung sind einfacher als die früher verwendeten *Reduktionsmethoden*. Diese waren außerdem nicht spezifisch, so daß andere Zucker mit gemessen wurden. Anhaltspunkte über das Prinzip der Reduktionsmethoden siehe unter Urinzuckerbestimmung S. 109.

Harnstoff

Harnstoff ist mengenmäßig das wichtigste stickstoffhaltige Endprodukt des *Eiweißabbaues*. Er wird durch die Niere ausgeschieden, bei gestörter Funktion dieses Organs steigen die Serumwerte an. Normalwert 10–50 mg pro 100 ml (= mg%) oder, in S.I.-Einheiten ausgedrückt, 1,5–8,5 mmol/l.

Ungefähr die Hälfte des Molekulargewichtes von Harnstoff entfällt auf *Stickstoff*. Häufig wird im Labor dieser Harnstoff-Stickstoff bestimmt. Für praktisch-diagnostische Zwecke liegt der Wert halb so hoch wie der Harnstoffwert; Normalwert für *Harnstoff-Stickstoff* also 5–25 mg% (= 1,8–9,0 mmol/l).

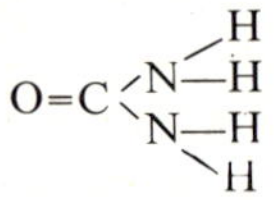

Formel von Harnstoff

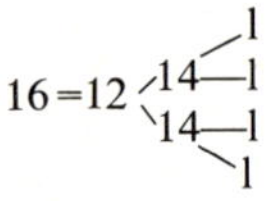

Atomgewichte (S. 20 und Tabelle S. 26) in die Formel eingetragen

Molekulargewicht des Stickstoffanteils	= 28
Molekulargewicht der Restformel	= 32
Molekulargewicht von Harnstoff	= 60

Nachweis: Das Enzym Urease spaltet Harnstoff unter Bildung von Ammoniumkarbonat,

$$\text{Harnstoff} + 2\,H_2O \xrightarrow{\text{Urease}} (NH_4)_2CO_3$$

die entstehenden Ammoniumionen regieren mit Phenol und Hypochlorit unter Bildung eines blauen Farbstoffes. Die Farbstärke entspricht dem Gehalt an Harnstoff.

Physikalisch-chemische Nachweise

Manche wichtigen Untersuchungen des klinisch-chemischen Krankenhauslabors werden mit Hilfe physikalischer Methoden durchgeführt. Zu ihrem Verständnis sollen sie hier kurz gestreift werden.

Elektrolyte

Zahlreiche Elektrolyte, vor allem *Natrium* und *Kalium*, werden heute nicht mehr chemisch nachgewiesen. Sie werden im Flammenphotometer bestimmt. Dabei wird eine Lösung des zu untersuchenden Elektrolytes mit der Strahlungsintensität in der Flamme verbrannten Metalls verglichen.

pH-Wert

Eine Elektrolytlösung, wie sie Blut, Plasma und Serum – aber auch beispielsweise Urin – darstellen, weist aufgrund der vorhandenen Ionen (Seite 56) eine elektrische Ladung auf. Gegenüber einer Meßelektrode entsteht ein Unterschied elektrischer Ladungen (sogenannte *Potentialdifferenz*). Diese Potentialunterschiede sind bei Wahl geeigneter Elektroden vom pH der Lösung abhängig, der dadurch bestimmt werden kann.

CO_2-Gehalt

Serum wird mit Säure versetzt und in eine Unterdruckkammer gebracht. Das entweichende freie und gebundene Kohlendioxyd (CO_2) wird anhand seines Volumens gemessen.

Chemische Nachweise

Obwohl die bisher genannten Methoden ebenfalls chemische Reaktionen einschließen, sollen die hier folgenden Untersuchungen als typische Vertreter von chemischen Nachweisen aufgeführt werden bei welchen ein *gefärbtes Endprodukt* die Messung erlaubt.

Bilirubin

Der aus dem Blutzerfall stammende Farbstoff Bilirubin kann zunächst in seiner eiweißgebundenen Form im Blut gemessen werden, sogenanntes *indirektes* Bilirubin. Es ist in dieser Form unlöslich und kann nicht durch die Niere ausgeschieden werden. Nach Durchgang durch die Leber liegt Bilirubin in „gekoppelter", löslicher und nierengängiger Form vor – sogenanntes *direktes* Bilirubin. Beide Formen zusammen ergeben das Gesamtbilirubin, Normwert bis 1 mg pro 100 ml (= 1 mg%) oder, in S.I.-Einheiten ausgedrückt: 17 µmol/l. Davon sind bis zu ein Viertel indirektes Bilirubin.

Zum Nachweis wird Serum mit Koffein und Sulfanilsäure versetzt, wodurch intensiv gefärbtes Azobilirubin entsteht. Die Farbstärke entspricht dem Gehalt an Gesamtbilirubin. Die gleiche Reaktion ohne Koffeinzusatz ergibt das direkte Bilirubin.

Kreatinin

Kreatinin ist ein Endprodukt des Eiweißstoffwechsels, das normalerweise durch die Niere ausgeschieden wird. Schon bei geringgradiger Einschränkung der Nierenleistung steigt Kreatinin im Serum an. Normalwert bis 1 mg pro 100 ml (= 1 mg%) oder, in S.I.-Einheiten, 88 µmol/l.

Kreatinin im Serum bildet mit Pikrinsäure in alkalischer Lösung eine orangegelbe Verbindung, deren Farbstärke dem Kreatiningehalt entspricht.

Eisen

Serumeisen stammt normalerweise aus dem Abbau des roten Blutfarbstoffes. Bei Blutungen, Magensäuremangel, Tumoren und anderen Krankheiten ist der Eisengehalt erniedrigt. Normalwert 89–134 Mikrogramm pro 100 ml, das sind 16–24 μmol/l in S.I.-Einheiten.

Vor dem eigentlichen Nachweis muß das Serum mit Trichloressigsäure enteiweißt werden. Das Filtrat wird mit Bathophenanthrolin versetzt. Die Farbintensität des entstehenden Komplexes entspricht dem Eisengehalt.

Untersuchung des Stuhls

Nachweis von okkultem Blut

Während sich größere Blutungen, beispielsweise aus Magengeschwüren, durch Schwarzfärbung des Stuhls infolge Beimengung von verändertem Blutfarbstoff anzeigen, entziehen sich kleinere Blutbeimengungen wie beispielsweise aus Tumoren, der direkten Beobachtung. Man spricht von verborgenem oder okkultem Blut im Gegensatz zu „Teerstühlen" bei massiven Blutungen.

Guajakharz-Methode

Mit dieser Methode (Haemoccult®-Test) können auch kleinere Mengen Blutfarbstoff nachgewiesen werden. Dieser muß dabei bereits aus den Blutkörperchen freigesetzt worden sein (Hämolyse).

Einige Stuhlproben werden auf das Reagenzpapier, einer Mischung verschiedener Guajakharze, aufgetragen. Nach Zugabe von Wasserstoffperoxid H_2O_2 wird bei Anwesenheit von Hämoglobin das Guajakharz mittels Peroxidasereaktion in eine chinoide Struktur übergeführt, die eine blaue Farbe hat und damit die Anwesenheit von Hämoglobin anzeigt.

Chemie der Arzneimittel

Die Arzneimittelchemie spielt eine wichtige Rolle in dem besonderen Fachgebiet *Pharmakologie*. Es sollen hier nur einige Grundzüge erwähnt werden, die eine Verbindung des theoretischen Stoffes der Chemie mit der praktischen Anwendung in der Arzneimittelkunde herstellen sollen.

Anorganische Chemie

Sie ist in der Pharmakologie nur wenig vertreten. Zu erwähnen sind in dieser Beziehung die Infusionslösungen, die meist Gemische einfacher Substanzen wie NaCl, KCl, $NaHCO_3$ oder $NaHPO_4$ darstellen. Die Ionenkonzentration muß dabei auf den pH-Wert des Blutes und den Ionengehalt (sog. osmotischer Druck) abgestimmt sein. Bei einer Kochsalzlösung entspricht nur ein Gehalt von 0,9 g auf 100 g Wasser diesen Verhältnissen (sog. *isotone* oder *physiologische Kochsalzlösung*).

Für den pharmakologischen Effekt eines einfachen Arzneimittels soll folgendes Beispiel gegeben werden:

Ammonchlorid NH_4Cl dient als Expektorans, soll also die Atmung anregen. Zunächst läuft die Reaktion unter Salzsäurebildung ab:

$$NH_4Cl + H_2O = NH_4OH + HCl$$

Salzsäure wird aber sofort gebunden durch Natriumcarbonat:

$$2\,HCl + Na_2CO_3 = 2\,NaCl + H_2CO_3$$

Kohlensäure wird nun abgeatmet:

$$H_2CO_3 = H_2O + CO_2$$

Diese vermehrte Abatmung von CO_2 bewirkt die angestrebte Vertiefung der Atmung.

In der Regel sind allerdings pharmakologische Vorgänge wesentlich komplizierter. Es sollen noch einige einfache Substanzen und ihre Verwendung als Arzneimittel aufgeführt werden:

KJ	Jodkali	Schleimlösend, auswurffördernd
N_2O	Stickoxydul	Lachgas, Narkosemittel
$HgCl_2$	Quecksilberchlorid	Sublimat, 0,1% Desinfektionslösung, Gift!
$KMnO_4$	Kaliumpermanganat	Durch starke oxydative Wirkung desinfizierend, äußerlich
$AgNO_3$	Silbernitrat	Höllenstein, Ätzmittel, 0,5–20%ig, äußerlich. Wird bei Lichteinwirkung schwarz.

Organische Chemie

Sie nimmt den weitaus größten Bereich aller Stoffe ein, die in der Medizin gebraucht werden. Zum großen Teil handelt es sich bei den *Arznei-*

mittelspezialitäten chemisch um zusammengesetzte, große Moleküle. Oft treten Ringverbindungen auf. Die Änderung verhältnismäßig kleiner Teile solcher Moleküle, zum Beispiel die Einführung einer Methylgruppe CH_3 anstelle einer Hydroxylgruppe $-OH$, macht oft in der Wirkung grundsätzliche Unterschiede aus. Um den Platz im Molekül zu kennzeichnen, an dem bestimmte Gruppen hängen, werden die C-Atome der Ketten oder Ringmoleküle in einer festgelegten Reihenfolge numeriert. Die Gruppen erhalten dann Zahlen, zum Beispiel 1-Hydroxy-3,4-methyl-butan. Auch die Stellung zweier Gruppen zueinander kann angegeben werden: Einander gegenüberstehende Gruppen erhalten den Beinamen -para-, nebeneinanderstehende den Namen -ortho-. Liegt eine „fremde" Gruppe dazwischen, so kennzeichnet man dies mit -meta-Stellung. Eine genauere Erklärung dieser Gegebenheiten würde den Rahmen dieses Buches sprengen, zur Orientierung sollen lediglich noch einige wichtige *Ringverbindungen* skizziert werden.

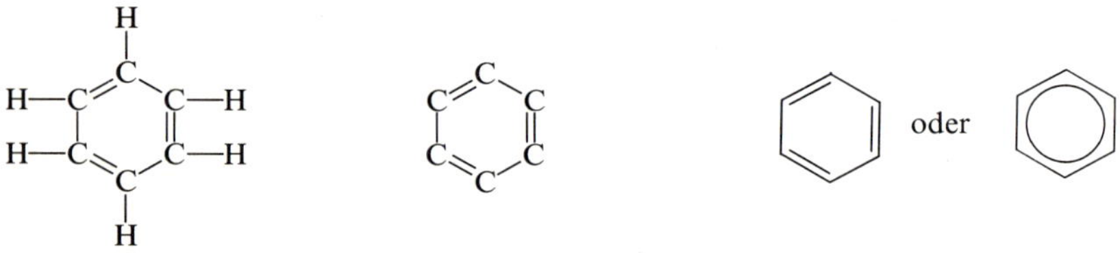

ausführliche *gekürzte* *schematische*

Schreibweise des Benzolringes, der aus einer Folge von einfachen und doppelten Bindungen zwischen C-Atomen besteht. Die Anzahl der H-Atome ergibt sich aus der Zahl der freien Bindungen; sie werden im allgemeinen nicht eigens angeschrieben.

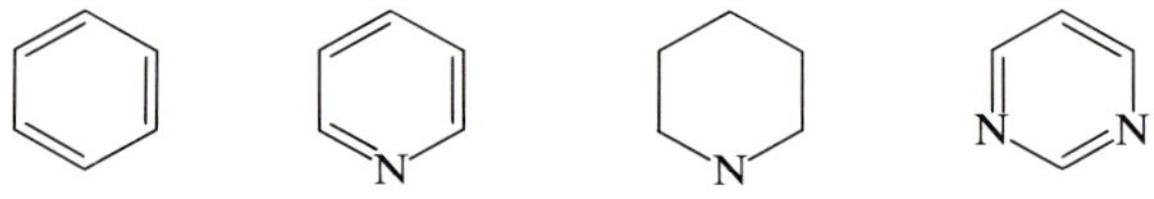

Benzolring *Pyridin* *Piperidin* *Pyrimidin*

Fünferring *Pyrrol* *Imidazol* *Pyrazol*

Ringverbindungen des Kohlenstoffes

Von den zahllosen organischen Verbindungen, die als Arzneimittel Verwendung finden, sollen nur einige als Muster genannt werden:

Prominal
N-Methyl-phenyl-äthyl-barbitursäure

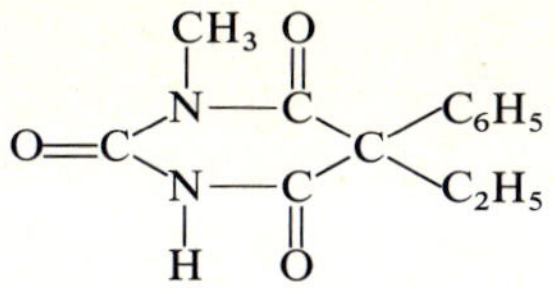

Starkes Beruhigungsmittel

Effortil
2-Äthylamino-1-(3-hydroxy--phenyl)-äthanol

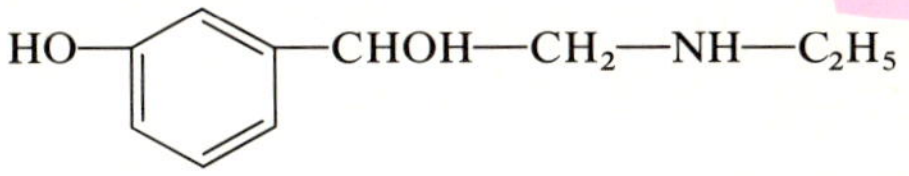

Kreislaufmittel

Penicillin

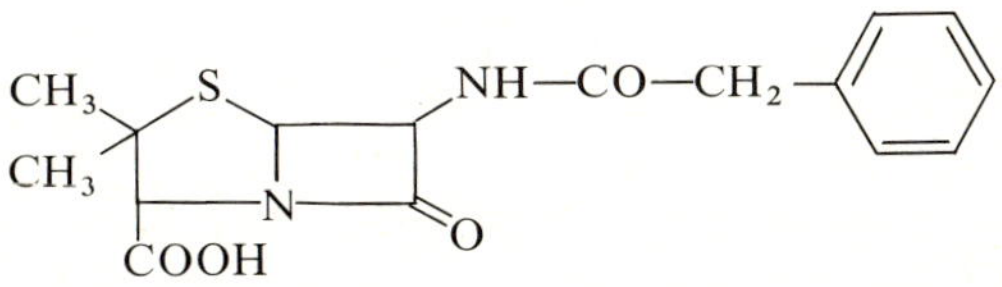

Antibiotikum

Meprobamat
2-methyl-2-propyl--propan-1,3-diol--dicarbamat

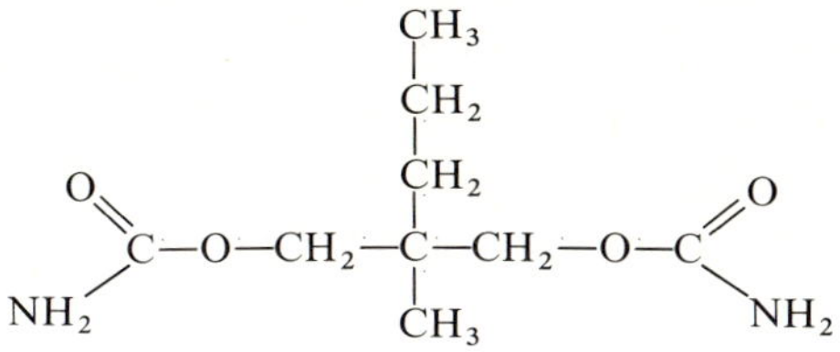

Tranquillizer

Erklärung des Aufbaus einer Arzneimittelformel (Effortil)

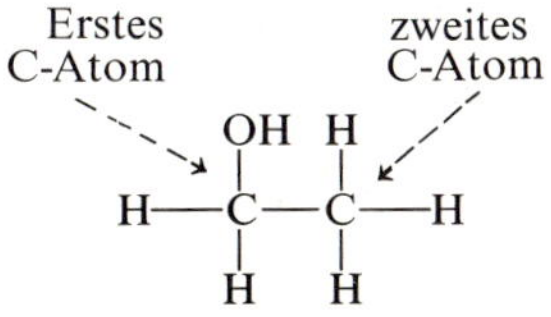

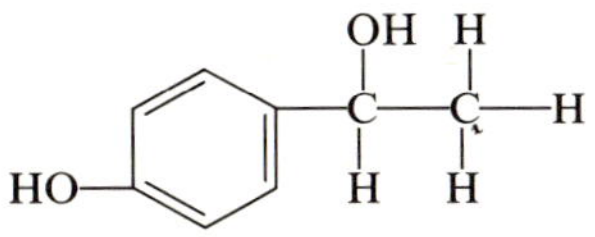

Ausgangspunkt ist das Äthanol, dessen beide C-Atome numeriert werden. An C-Atom 1 wird jetzt ein Benzolring (Phenylrest genannt) gehängt, der an Stellung 3 oxydiert ist. Durch die Oxydation bildete sich eine –OH (= Hydroxyl-)gruppe. Es entsteht: 1-(3-Hydroxyphenyl)-äthanol.

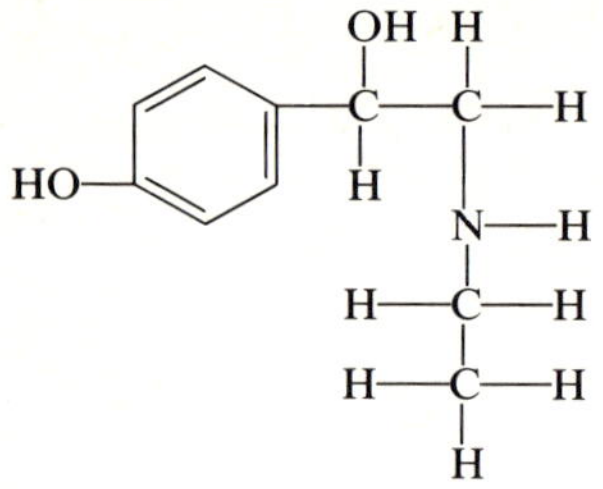

C-Atom 2 erhält nun eine Aminogruppe, an die ein Äthylrest (C_2H_5-) angefügt ist. Dieser Rest heißt also „äthylamino", das Ganze schließlich:
2-äthylamino-1-(3-hydroxyphenyl)-äthanol

Chemische Prozesse beim Entwickeln von Röntgenfilmen

Die licht- und strahlenempfindliche Schicht von Röntgenfilmen, wie auch von anderem photographischem Material, besteht aus Silbersalzen wie *Silberbromid*, AgBr, oder *Silberchlorid*, AgCl. Bei der Belichtung der Aufnahme verändert das getroffene Silberbromid seine molekulare Struktur und kann jetzt von *Entwickler* angegriffen werden. Entwickelt man allerdings zu stark, so wird das ganze Silberbromid des Films verändert, und es entsteht eine schwarze Fläche anstelle eines Bildes. Die Entwicklung muß also nach einiger Zeit, ca. 2–3 Minuten, unterbrochen werden.

Der Entwicklungsprozeß besteht in einer Reduktion des AgBr zu metallischem, schwarzem Silber. Reduktionsmittel können verschiedene Stoffe sein, häufig wird *Hydrochinon* verwendet. Der Vorgang läuft dann wie folgt ab:

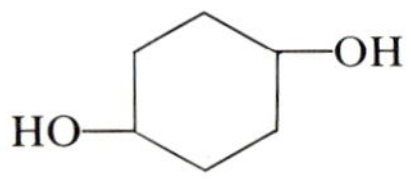
+ 2 AgBr = 2 Ag + 2 HBr +
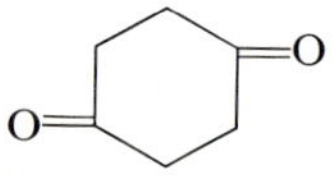

Entwickler Hydrochinon	belichtetes Silberbromid	metallisches Silber (Bild)	Bromwasserstoff	Chinon

Der entstehende Bromwasserstoff wird durch Zusätze zum Entwickler neutralisiert, meist nimmt man dazu Pottasche:

$$2\,HBr \quad K_2CO_3 = 2\,KBr + H_2CO_3$$
Bromwasserstoff + Pottasche = Bromkali + Kohlensäure

Im anschließenden *Fixier*prozeß wird das übriggebliebene, nicht belichtete und nicht zu Silber reduzierte Silberbromid entfernt, da es sich bei Lichteinfall im Laufe der Zeit auch ohne Entwickler schwarz färben würde. Solange ein Röntgenfilm nicht im Fixierbad ist, ist er noch lichtempfindlich!

Das Fixierbad besteht aus einer Lösung von *Natriumthiosulfat*, $Na_2S_2O_3$. Mit Silberbromid bildet sich ein großmoleküliges Komplexsalz, das anschließend durch Wässern aus der fotografischen Schicht entfernt wird. Übrig bleibt schließlich metallisches Silber in der durchsichtigen Grundschicht des Filmes, das *Negativ*. Alle Röntgenfilme sind solche negativen Bilder, denn überall dort hat sich reichlich Ag gebildet, wo die Strahlen ungehindert auf die Schicht auftreffen konnten. Gerade dort, wo kein Knochen oder Weichteil im Wege war, entsteht also eine Schwärzung. In logischer Konsequenz dieser Tatsache wird vom Arzt eine solche Stelle als hell, eine helle Stelle als dunkel bezeichnet.

Sachverzeichnis